新时代中等职业学校新课标公共课配套辅导
新时代中职教育新形态一体化教材

哲学与人生学习指导与能力训练

包冰洁　赵　宁　编

北京大学出版社
PEKING UNIVERSITY PRESS

图书在版编目(CIP)数据

哲学与人生学习指导与能力训练 / 包冰洁, 赵宁编.
北京 : 北京大学出版社, 2025. 4. -- ISBN 978-7-301
-36222-8

Ⅰ. B821

中国国家版本馆 CIP 数据核字第 2025TN2951 号

书　　名　哲学与人生学习指导与能力训练
　　　　　ZHEXUE YU RENSHENG XUEXI ZHIDAO YU NENGLI XUNLIAN
著作责任者　包冰洁　赵　宁　编
策 划 编 辑　李　虎
责 任 编 辑　孙　明
标 准 书 号　ISBN 978-7-301-36222-8
出 版 发 行　北京大学出版社
地　　址　北京市海淀区成府路 205 号　100871
网　　址　http://www.pup.cn　　新浪微博:@北京大学出版社
电 子 邮 箱　编辑部 pup6@pup.cn　　总编室 zpup@pup.cn
电　　话　邮购部 010-62752015　发行部 010-62750672　编辑部 010-62750667
印 刷 者　三河市北燕印装有限公司
经 销 者　新华书店
　　　　　889 毫米×1194 毫米　16 开本　10 印张　249 千字
　　　　　2025 年 4 月第 1 版　　2025 年 4 月第 1 次印刷
定　　价　35.00 元

PREFACE 前言

根据《中等职业学校思想政治课程标准(2020年版)》,中等职业学校思想政治课程的教学目标包括:了解马克思主义哲学基本原理,运用辩证唯物主义和历史唯物主义观点认识世界,坚持实践第一的观点,一切从实际出发、实事求是,学会用具体问题具体分析等方法,正确认识社会问题,分析和处理个人成长中的人生问题,在生活中做出正确的价值判断和行为选择,自觉弘扬和践行社会主义核心价值观,为形成正确的世界观、人生观和价值观奠定基础。

为适应当前中等职业(简称中职)学校教育教学改革的需要,帮助学生更好地学习思想政治课程,我们在综合考虑中职学生的年龄特点、兴趣爱好和实际学习水平的基础上,依据中职学校教科书《思想政治　基础模块　哲学与人生》编写本书,作为与该教材同步的学习指导与能力训练资料。

具体而言,本书具有以下特色。

1.立德树人,润物无声

党的二十大报告指出:“育人的根本在于立德。”本书积极贯彻“育人为本,德育为先”的理念,每课都设置了“生活感悟”模块,该模块通过贴近生活的典型案例引发学生思考和讨论,旨在让学生领会以改革创新为核心的时代精神,增强创新意识与责任意识,从而树立正确的世界观、人生观和价值观。

2.模块丰富,理实结合

本书精心设计了“单元整体解读”“单元目标聚焦”“知识梳理”“生活感悟”“习题演练”等模块。各模块的具体内容如下。

单元整体解读:概括各单元的学习内容,旨在帮助学生快速学习并理解课程内容,提升学生的学习能力。

单元目标聚焦:列出各单元的“知识目标”“能力目标”和“素养目标”,有助于学生明确学习目标与方向,激发其自主学习的动力。

知识梳理:梳理每课的知识点,有助于学生厘清学习思路,掌握重点知识,提高学习效率。

生活感悟:结合生活中的常见事例、时事等,引导学生在阅读过程中分析和思考其中蕴含的哲学原理,更好地将理论与实践相结合,达到学用结合的效果。

习题演练:紧扣教材知识点,设置填空题、选择题、判断题、简答题和材料分析题五种题型。习题的题量与难易程度适中,通过不同题型的练习,帮助学生检查学习效果,巩固所学知识。

3.由浅入深,循序渐进

本书依据学生的认知水平设置题目,确保各单元内容均按照由直观到抽象、由易到难、由简到繁的逻辑顺序编排。这既有利于学生循序渐进地巩固所学内容,又有助于学生在掌握各单元思想政治知识的基础上,锻炼思维能力,学会独立思考。

本书由包冰洁(周口交通技师学院)和赵宁(周口交通技师学院)负责全书的统稿、编写。

编者在编写本书的过程中,参考了大量的资料,在此向这些资料的作者表示衷心的感谢!因编者水平有限,若书中存在疏漏与不当之处,敬请广大读者批评指正,以便在今后的修订中进一步完善。

编　者

2025 年 1 月

CONTENTS 目录

第一单元　立足客观实际　树立人生理想

单元整体解读

人要生活得有意义、有价值，就需要对世界和生活本身进行思考。世界的本原是什么？人类从何而来？我们应该如何看世界？这些思考会触及这样或那样的具有哲学性质的问题。马克思主义哲学是时代精神的精华，是科学的世界观和方法论，是人类美好生活的向导。学习马克思主义哲学，可以帮助我们树立正确的世界观、人生观和价值观，指导我们确立远大的人生理想。

通过对本单元的学习，我们将敲开哲学的大门，认识掌握马克思主义哲学的重要意义，探究世界的本质，了解世间万物的共同属性，了解唯物主义与唯心主义的对立，学会用科学世界观指导人生发展。我们将理解客观规律性与主观能动性的辩证统一，掌握一切从实际出发、实事求是的思想路线和工作方法，明确个人理想与社会理想的关系，并努力把人生理想变为现实。

单元目标聚焦

知识目标

(1) 把握马克思主义哲学是科学的世界观和方法论。

(2) 理解世界统一于物质的原理，懂得客观规律性与主观能动性的辩证关系。

(3) 领会正确的职业理想对社会和人生所起的积极作用。

能力目标

(1) 能够学好用好马克思主义哲学。

(2) 能够运用辩证唯物主义的世界观指导人生发展。

(3) 能够正确处理理想与现实、个人理想与社会理想的辩证关系。

素养目标

(1) 强化时代方位感、政治责任感、使命紧迫感，不断接受马克思主义哲学智慧的滋养，努力成为全面发展的社会主义建设者和接班人。

(2) 树立崇尚劳动、尊重劳动的观念，在职业活动中自觉践行劳动精神。

第1课 时代精神的精华

知识梳理

一、哲学的智慧

1.哲学的起源

(1)哲学起源于人们在社会实践中对各种根本问题的追问和思考。

(2)哲学智慧不是从人的头脑中凭空产生的,而是在人们认识世界和改造世界的实践活动中形成的。

(3)哲学不是一成不变的,而是会随着时代和社会实践的发展而不断变化发展。

2.哲学是世界观和方法论的统一

(1)哲学是关于世界观的理论体系。

(2)哲学是系统化的方法论。

(3)哲学是世界观和方法论的统一。

(4)哲学是对自然、社会和思维知识的概括和总结。

二、马克思主义哲学指引人生路

1.马克思主义哲学的使命和特征

(1)马克思主义哲学以实现人的自由而全面的发展和全人类解放为历史使命,反映出人类对理想社会的美好憧憬和追求。

(2)马克思主义哲学具有科学性、人民性、实践性和与时俱进的品质。

2.学好用好马克思主义哲学

(1)勤下功夫,真学。

(2)融会贯通,真懂。

(3)坚定理想,真信。

(4)联系实际,真用。

生活感悟

你听说或接触过哲学吗？你认为什么是哲学？你认为哲学与人生是什么关系？下面列举几个大家熟悉的事例或现象。

情境1：水往低处流；昼夜循环，四季更替；种瓜得瓜，种豆得豆……

情境2：数学中有正数与负数，物理学中有作用力与反作用力，化学中有化合与分解，生物学中有遗传与变异……

情境3：水在0℃以下会成为冰，在100℃以上会成为蒸汽；绳锯木断，水滴石穿……

【思考】

请结合上述材料，谈谈你对哲学的理解。

习题演练

一、填空题

1.哲学起源于人们在____________中对各种根本问题的追问和思考。

2.哲学是在人们____________世界和____________世界的实践活动中形成的。

3.世界观是人们对整个世界的____________看法和____________观点。

4.哲学是热爱智慧、追求智慧的学问,是一门从总体上把握世界____________以及人与世界关系的学问。

5.哲学是关于世界观的__________,是__________的方法论,是世界观和方法论的统一。

6.哲学是对自然、社会和思维知识的____________。

7.具体科学揭示的是自然、社会和思维某一____________的规律,哲学对具体科学进行概括和升华,从中抽象出最一般的本质和最____________的规律。

8.哲学为具体科学研究提供____________和____________的指导。

9.马克思主义哲学即____________和____________,是一个逻辑严密的有机整体。

10.马克思主义理论内容包括____________、____________、____________、人类社会发展的规律等。

11.马克思主义哲学具有____________性、____________性、____________性和与时俱进的品质。

12.学好用好马克思主义哲学需要做到勤下功夫,真学;融会贯通,真____________;坚定理想,真信;联系实际,真____________。

二、选择题

1.“人生处处有哲学。”这句话表明(　　)。

A.自古就有哲学　　B.生活就是哲学

C.人人都懂哲学　　D.哲学与我们的生活密切相关

2.关于哲学与世界观,下列说法正确的是(　　)。

A.哲学是以世界观为研究对象的学说

B.哲学是人们对整个世界和人与世界关系的观点和看法

C.哲学是系统化、理论化的世界观

D.哲学是关于世界观的科学理论,是具体科学知识的概括和总结

3.关于世界观与方法论,下列说法错误的是(　　)。

A.世界观决定方法论　　B.方法论决定世界观

C.世界观和方法论是统一的、相互联系的　　D.有什么样的世界观就有什么样的方法论

4.关于哲学与具体科学,下列说法正确的是(　　)。

A.哲学为具体科学提供世界观和方法论的指导

B.具体科学为哲学提供世界观和方法论的指导

C.具体科学以哲学为根底

D.具体科学与哲学各有侧重、互不相干

5.学一点哲学、懂一些哲学,对自己的生活和工作绝对有益无害,会使生活和工作锦上添花、如虎添翼。该观点的合理性在于看到了(　　)。

①哲学是一门给人智慧、使人聪明的学问

②对哲学掌握的深度决定着人生的高度

③哲学是科学的世界观和方法论的统一

④认识世界、办好事情,都需要哲学智慧

A.①③　　B.①④　　C.②③　　D.②④

6.哲理小说越来越受到读者的喜爱,其中的重要原因就是,这些小说作者是如此贴切地表达着自己的情感、自己的经历、自己的精神家园……哲理小说深受读者喜爱的原因表明(　　)。

A.哲学是一种智慧,是美好生活的向导

B.哲学是民族精神的升华和凝聚

C.哲学与生活息息相关,来源于生活

D.哲学是对人生的一种本质的普遍规律问题的思考

7.向母校捐资 10.3 亿元的电子科技大学校友熊新翔认为,母校对他影响最大的不是专业知识,而是与哲学的结缘。在大学四年期间,他把图书馆 200 多本有关哲学的书都看完了,这段时期的哲学思考对他人生的作用太大了。由此可见,(　　)。

A.哲学可以取代具体科学

B.哲学是科学的世界观和方法论

C.哲学是对具体科学的概括和总结

D.哲学能为人们的实践活动提供世界观和方法论的指导

8.“哲学总揽一切,综括一切,仰观宇宙之穷,俯究万类之运动,观古今于须臾,抚四海于一瞬。”这句话说明(　　)。

A.哲学是一门包罗万象、囊括万物的综合性科学

B.哲学是一切具体科学知识的总和

C.哲学揭示的是整个世界最一般的本质和最普遍的规律

D.哲学的研究对象是自然界和人类社会

9.2023 年 6 月,以“人工智能时代:构建交流、互鉴、包容的数字世界”为主题的世界互联网大会数字文明尼山对话在孔子故里山东曲阜举办。此次尼山对话的举办,旨在以儒家思想中蕴藏的深邃智慧照鉴数字文明的未来,为人工智能技术的发展开辟新道路。这说明(　　)。

A.哲学为各门具体科学的发展提供基础

B.具体科学的进步推动哲学不断发展

C.哲学为具体科学提供世界观和方法论的指导

D.哲学是系统化、理论化的世界观

10.为科学把握时代本质,解决人类当前所面临的重大问题,习近平总书记立足中华民族伟大复兴战略全局和世界百年未有之大变局,提出了要回答好“世界怎么了”“人类社会向何

处去”的时代之题，从中可以感悟到（　　）。

①哲学关注人与世界的具体关系及其活动方式

②哲学是在人们处理与世界关系的实践中形成和发展的

③哲学源于人们在实践中对世界的追问和思考

④只要留心思考，每个人都能形成系统化、理论化的世界观

A.①③　　B.①④　　C.②③　　D.②④

11.2023 年 7 月，“审度：科技与哲学的交叉融合”高端论坛在北京举办。本次论坛的主题是探究和审度当前科技革命与时代变革的最新趋势，聚焦前沿科技的哲学冲击和社会伦理挑战，立足科技哲学、科技伦理、科技史等不同领域研究经验，介绍国内知名高等院校、科研院所、学术期刊的实践经验，探讨促进科技与哲学交叉融合发展之道。这说明（　　）。

①科学与哲学可以统一在当代实践发展之中

②具体科学的发展进步能够促进哲学的发展

③哲学源于生活实践中对世界的追问和思考

④哲学能为科学发展提供具体的方法与路径

A.①②　　B.①③　　C.②④　　D.③④

12.《国家“十四五”时期哲学社会科学发展规划》指出，要加快构建中国特色哲学社会科学，为全面建设社会主义现代化国家提供有力思想和智力支持。这说明（　　）。

A.哲学是先于人类产生而存在的　　B.哲学是对具体科学的概括总结

C.哲学为认识改造世界提供指导　　D.哲学是具体科学进步的基础

13.哲学源于生活，又是指导人们生活得更好的艺术。当下，哲学对科学本身发展的作用主要体现在理论前沿。当某一学科发展遭遇瓶颈或科学研究陷入困境时，科学家便会试图“研究哲学”；哲学始终作为科学“可供反思的概念工具”而存在。由此可见，（　　）。

①哲学为人们生活提供世界观与方法论的指导

②哲学提供了解决科学问题的具体方法

③哲学是社会发展的决定力量

④哲学为具体科学的研究提供指导

A.①④　　B.②③　　C.①③　　D.②④

14.对于大自然的神秘无动于衷的人，是不可能真正领悟哲学的内涵的。这句话反映了（　　）。

A.哲学产生于认识和解释世界

B.哲学的进步推动具体科学的发展

C.哲学是科学的世界观和方法论

D.哲学源于人们在实践中对世界的追问和思考

15.爱因斯坦从唯物论出发，建立了广义相对论；海森堡受柏拉图哲学的启发，决心寻找反映自然秩序的数学核心，建立了矩阵力学。上述材料表明（　　）。

A.具体科学的发展为解决哲学问题提供了坚实基础

B.哲学为具体科学研究提供科学的世界观和方法论指导

C.具体科学与哲学是既紧密联系又相互决定的关系

D.哲学就是人类对各种具体科学知识的概括和总结

16.马克思主义哲学正确地反映了世界的本质和规律,它的全部理论都来自实践,又经过实践反复检验。这说明马克思主义哲学具有(　　)。

A.阶级性　　B.革命性　　C.人民性　　D.科学性

17.(多选)哲学是(　　)。

A.关于世界观的理论体系

B.世界观和方法论的统一

C.对自然、社会、思维知识的概括和总结

D.辩证唯物主义与历史唯物主义的统一

18.(多选)马克思主义哲学是(　　)。

A.科学的世界观和方法论

B.无产阶级的世界观和方法论

C.特定时代的产物,揭示了人类社会的发展规律

D.无产阶级和劳动人民认识世界、改造世界的思想武器

19.(多选)学好用好马克思主义哲学,我们需要做到(　　)。

A.认真、系统地学习马克思主义哲学著作

B.坚定马克思主义哲学的科学性

C.坚持理论联系实际

D.深入理解马克思主义哲学的相关理论

20.(多选)学习马克思主义哲学,可以帮助我们(　　)。

A.指引人生的方向

B.树立正确的世界观、人生观和价值观

C.形成科学的思维方法

D.更好地认识和改造世界

三、判断题

1.对哲学掌握的深度决定着人生的高度。(　　)

2.哲学是科学的世界观和方法论的统一。(　　)

3.哲学是对人生的一种本质的普遍规律问题的思考。(　　)

4.哲学可以取代具体科学。(　　)

5.具体科学存在于哲学之中,它们是整体与部分的关系。(　　)

6.离开具体科学知识,哲学就会干涸和枯萎。(　　)

7.马克思主义哲学具有与时俱进的理论品质,是时代精神的精华。(　　)

8.马克思主义哲学为我们指明了如何走中国特色社会主义道路。(　　)

四、简答题

1.简述哲学与世界观的关系。

2.简述哲学与具体科学的关系。

3.简述学习马克思主义哲学的意义。

五、材料分析题

1.阅读下列材料，并按要求作答。

人总是按照自己对周围世界和人生的理解来做事做人。有人认为命由天定，因而身处困境时消极等待，逆来顺受。有人认为人定胜天，因而在困难面前积极奋争，不屈不挠。有人认为人是自然的主人，因而把大自然看作人类的资源库，为满足自我需要而大肆掠夺自然。也有人把人类看作自然界的一部分，认为人与自然是生命共同体，因而在生活和实践中要热爱自然、尊重自然、保护自然，努力做到人与自然的和谐共生。

请思考并说明上述材料所体现的人的思想观念与其为人处世的方式方法的关系。

2.阅读下列材料，并按要求作答。

科学哲学家拉卡托斯说：“没有科学史的科学哲学是空洞的，没有科学哲学的科学史是盲目的。”

请结合上述材料，说明拉卡托斯的观点体现了哲学与具体科学怎样的关系。

3.阅读下列材料，并按要求作答。

党的二十大报告指出：“实践告诉我们，中国共产党为什么能，中国特色社会主义为什么好，归根到底是马克思主义行，是中国化时代化的马克思主义行。”

请结合上述材料，谈谈你对“归根到底是马克思主义行，是中国化时代化的马克思主义行”的理解。

第2课 树立科学的世界观

知识梳理

一、世界的物质性

1.自然界的物质性

(1)整个自然界都是物质的。

(2)物质是不依赖于人的意识,并能为人的意识所反映的客观实在。

(3)物质的唯一特性是客观实在性。

2.人类社会的物质性

(1)人类社会是物质世界长期发展的产物。

(2)人类社会在本质上是物质的。人类社会依赖于自然界,人类社会赖以生存的物质资料归根到底都取之于自然界。

3.意识是物质世界长期发展的产物

(1)从意识起源来看,意识不仅是自然界长期发展的产物,而且是社会历史发展的产物。

(2)社会实践,特别是劳动,在意识的产生和发展中起着决定性的作用。

二、用科学世界观指导人生发展

1.坚持唯物主义,反对唯心主义

(1)唯心主义颠倒了物质和意识的关系,错误地把意识、精神等视为离开自然和社会而独立存在并且创造自然和社会的神秘力量。

(2)辩证唯物主义正确地把握了物质和意识的关系,坚持物质决定意识、世界统一于物质,意识对物质具有反作用。

(3)我们要认清唯心主义的本质,树立辩证唯物主义的世界观。

2.坚持无神论,反对封建迷信

世界物质统一性原理要求我们,必须坚持无神论,反对封建迷信。

生活感悟

2017年，在中国乌镇围棋峰会上，人工智能程序“阿尔法狗”与排名世界第一的中国围棋职业九段棋手柯洁对战，以3∶0的总比分大获全胜。在此之前，它曾经以4∶1的总比分击败过同为围棋世界冠军的韩国围棋职业九段棋手李世石，并且在中国棋类网站上以“大师”为注册账号与中、日、韩数十位围棋高手进行快棋对决，连续60局无一败绩。多年来，“阿尔法狗”横扫中日韩围棋棋坛，并且每次表现都堪称完美。

一直以来，就有“人工智能的发展会威胁人类生存”的观点，而“阿尔法狗”能在典型的反映人类智慧的围棋比赛中屡屡打败人类，更加重了一些人的担忧。

但人工智能领域的专家们则认为，当前的计算机架构和编程模式具有本质上的劣势，使得人工智能无法实现与人脑情感、意志、心态、情绪、经验等方面的自然交互。在本质上，人工智能仅仅是物质世界范畴的概念，无法跨越到意识领域。

专家们还指出：“电脑与人脑，毕竟有着机械性与生命灵性的本质区别，因此，电脑创作与人脑创作之间尚存难以逾越的鸿沟。个性是人类文学艺术创作的生命，而已有电脑创作系统尚无个性可言，只不过是对已有艺术作品的模仿、复制与重组。”

【思考】

有人认为，人工智能具有人类意识，人工智能最终会完全代替人脑。你是否同意这种观点？为什么？请结合上述材料，简要说明理由。

习题演练

一、填空题

1.物质的唯一特性是__________。

2.在人类的进化过程中,__________发挥了决定性作用。

3.构成人类社会物质生活条件的基本要素是__________、__________和__________。

4.从意识起源来看,意识不仅是__________的产物,而且是__________的产物。

5.从产生意识的生理基础来看,意识是__________的机能。

6.从意识的本质来看,意识是__________在人脑中的主观映象。

7.唯物主义认为,__________决定__________;唯心主义认为,__________决定__________。

8.古代朴素唯物主义认为世界是由__________构成的,如水、火、土、气等。

9.近代机械唯物主义把自然科学中不可再分的、最小的物质结构如原子__________。

10.辩证唯物主义和历史唯物主义认为__________,物质是不依赖于人的意识,并能为人的意识所反映的客观实在。

11.__________是辩证唯物主义最基本、最核心的观点,是马克思主义哲学的基石。

12.世界物质统一性原理要求我们,必须坚持__________,反对封建迷信。

二、选择题

1.哲学上的物质概念是指(　　)。

A.独立于意识并能为人的意识所反映的客观实在

B.具体的物质形态

C.无法被人感知的客观存在

D.人们能看得见、摸得着的东西

2.我们必须自觉坚持辩证唯物主义的物质统一性原则,坚定马克思主义无神论立场,反对一切有神论。这是因为(　　)。

A.对上帝、神灵信则有,不信则无

B.一切有神论都有严重的社会危害性

C.上帝、神灵扰乱人的思想,腐蚀人的灵魂

D.世界是物质的世界,根本不存在上帝、神灵

3.李白诗歌《登金陵凤凰台》的首联、颔联是“凤凰台上凤凰游,凤去台空江自流。吴宫花草埋幽径,晋代衣冠成古丘”。其中蕴含的哲理是(　　)。

A.自然界先于人和人的意识而存在

B.人类社会本质上是一个客观的物质体系

C.思维与存在具有同一性

D.自然界和人类社会的存在与发展不以人的意志为转移

4.人类起源于动物界,人类的进化演变过程是从古猿、直立人、智人到现代人。这说明(　　)。

A.自然界和人类社会相互依存

B.人类产生前的自然界才具有客观性

C.自然界和人类社会是有区别的

D.人类社会是物质世界长期发展的产物

5.人由古猿进化而来。在这一进化过程中,起着决定性作用的是(　　)。

A.劳动　　B.语言的产生　　C.手脚分工　　D.社会关系

6.从意识的起源来看,意识是(　　)。

A.物质世界发展到一定阶段的产物　　B.客观存在在人脑中的反映

C.人脑特有的一种生理机能　　D.人脑对客观事物的正确反映

7.秋季,虽没有了热扰心神,但人们容易产生悲伤的情绪,俗称“悲秋”。现代医学研究表明,秋季日照时间变短,人体分泌褪黑素增多,抑制了甲状腺素、肾上腺素的分泌,易使人感到情绪低落。该材料表明(　　)。

①世界的真正统一性在于它的物质性

②人能够通过实践活动能动地改造客观世界

③人的情绪不受自身主观因素的影响

④意识活动能够把握事物内部的本质和规律

A.①②　　B.①④　　C.②③　　D.③④

8.“生死有命,富贵在天。”这种认识与下列世界观一致的是(　　)。

A.气者,理之依也　　B.天地之变,阴阳之化

C.存在就是被感知　　D.未有此气,已有此理

9.《极简人类史》中写道:“我们的星球已经存在了45亿年之久,生命的出现也有约35亿年。相比之下,人类的出现则是比较晚才发生的事情,不过是地球生命史的眨眼瞬间。尽管如此,在地球上曾经出现过的生物中,人类仍然是最有趣、最奇特的物种之一。在近40亿年里,我们是第一个能将知识代代相传的物种。”该材料表明(　　)。

①自然界与人类社会相互联系、相互依赖

②人类具有区别于其他生物的主观能动性

③人类社会是物质世界长期发展的产物

④劳动在从古猿到人的演变中起决定作用

A.①②　　B.①④　　C.②③　　D.③④

10.浙江杭州第19届亚运会吉祥物由一组承载深厚底蕴和充满时代活力的机器人组成,组合名为“江南忆”,出自唐代诗人白居易的名句“江南忆,最忆是杭州”,它融合了杭州的历史人文、自然生态和创新基因。该吉祥物的设计体现了(　　)。

①意识内容是客观的,形式是主观的

②意识有自觉选择性和能动创造性

③艺术创作是人脑对客观存在的如实反映

④优秀艺术作品取决于艺术家的巧妙创意

A.①②　　B.①③　　C.②④　　D.③④

11.婴儿在出生时基本处于本能反应的状态,随着大脑的完善、与社会的不断接触才逐步形成语言、思维等,并对接触到的家人、周围的人和物形成基本的认识。这反映出(　　)。

A.意识是天生的,而不是社会的产物　　B.自然界的生命体都有自己的起源

C.意识是人脑的机能,是物质的反映　　D.生命有机体通过新陈代谢而发展

12.我国古代哲学思想中有“天地成于元气,万物成于天地”的说法。宋代理学家朱熹则认为“理”是天地万物的创造主,“未有天地之先,毕竟也只是理。有此理,便有此天地”。上述观点(　　)。

A.是对世界本原是主观精神还是客观精神的认识

B.从不同角度回答了思维和存在何者为本原的问题

C.都认为客观事物及整个世界依赖于主观精神

D.体现了对思维和存在的辩证关系在认识上的差异

13.中国古代哲学家主要探讨天与人、形与神、知与行、理与气等的关系,他们探讨的问题集中体现了(　　)的关系。

A.个人与社会　　B.自然与社会　　C.意识和物质　　D.个人与自然

14.列宁说:“透过许多新奇的诡辩言词和学究气十足的烦琐语句,我们总是毫无例外地看到,在解决哲学问题上有两条基本路线、两个基本派别。”这里的两个基本派别是(　　)。

A.辩证法和形而上学　　B.宿命论和唯意志论

C.唯物主义和唯心主义　　D.宗教神学与经验主义

15.(　　)把世界的本原归结为某一种或几种具体的物质形态。

A.辩证唯物主义　　B.历史唯物主义　　C.古代朴素唯物主义　　D.主观唯心主义

16.在实际生活中,学生要面对和处理自己的学习计划与学习实际的关系,教师要面对和处理自己的教学计划与教学实际的关系,农民要面对和处理耕作收获的计划与耕作收获的实际的关系,医生要面对和处理处方与病情的关系。以上共同涉及的哲学问题是(　　)。

A.必然与偶然的关系问题　　B.主流与支流的关系问题

C.思维和存在的关系问题　　D.整体和部分的关系问题

17.(多选)三国时期哲学家王弼认为“万物皆由道而生”,而道“无状无象,无声无响,故能无所不通,无所不往”,是独立存在的精神。下列观点与王弼观点归属同一哲学派别的是(　　)。

A.人病则忧惧,忧惧见鬼出

B.理在事先,理生万物,未有此气,已有此理

C.世界上的一切都是绝对精神的外在表现

D.据器而道存,离器而道毁

18.(多选)列宁指出:“物质是标志客观实在的哲学范畴,这种客观实在是人通过感觉感知的,它不依赖于我们的感觉而存在,为我们的感觉所复写、摄影、反映。”从列宁的观点可知(　　)。

A.意识是本原的,物质是派生的　　B.物质是所有具体物质形态之和

C.物质的唯一特性是客观实在性　　D.物质独立于人的意识而存在

19.(多选)下列说法正确的有(　　)。

A.自然界的存在和发展具有物质性

B.人类社会的产生、存在、发展及其构成要素具有物质性

C.世界的真正统一性就在于它的物质性

D.物质是不依赖于人的意识的客观实在,不能为人所感觉、认识、反映

20.(多选)“正是有了我和我的意识,才有了地球。”“没有地球,哪有我们的意识呢?”关于这两种观点,下列说法正确的有(　　)。

A.第一种观点属于客观唯心主义思想

B.两种观点是对哲学基本问题的讨论

C.第二种观点属于主观唯物主义思想

D.两种观点体现了唯心主义与唯物主义的对立

三、判断题

1.物质是看得见、摸得着、实实在在的东西。(　　)

2.在意识的产生和发展过程中,人脑起着决定性的作用。(　　)

3.物质是不依赖于人的意识并能为人的意识所反映的客观实在。(　　)

4.近代机械唯物主义认为世界是由自然科学中不可再分的、最小的物质结构构成的。(　　)

5.生产劳动是一种物质性活动,是人与自然之间的物质变换过程。(　　)

6.可以在学校宣传宗教。(　　)

7.尊重宗教信仰自由与宣传无神论并不矛盾,二者都是中国共产党处理宗教问题的方针政策。(　　)

8.世界上存在神、鬼、天堂、地狱等超自然的力量。(　　)

四、简答题

1.世界的物质性主要体现在哪两个方面?

2.如何理解“意识在内容上是客观的,在形式上是主观的”?

3.唯物主义和唯心主义包含哪些基本形态？这些基本形态分别包含哪些内容？

五、材料分析题

1.阅读下列材料，并按要求作答。

改革开放以来，我国社会主义市场经济体制不断完善，市场体系不断发展，市场呈现出强大的韧性和活力。激发市场活力的重点之一在于调动企业家的积极性。企业家作为经济活动的重要主体，肩负着繁荣市场、发展经济的时代重任，应大力弘扬企业家精神，遵从法治精神和市场规则，专注产品质量、企业品牌和信誉，共同建设良好的市场环境，不断激发市场活力。

激发市场活力需要企业家精神，请结合上述材料并运用物质和意识的辩证关系原理对此加以说明。

2.阅读下列材料，并按要求作答。

根据世界卫生组织提供的资料，世界工业发展因忽视环境保护而造成了严重的水资源污染，导致世界每年有5000万名儿童因水污染死亡，每年有3500万人因水污染患心血管疾病。现在，各个国家都逐渐认识到水资源污染带来的危害，正在想办法解决这一问题。2019年10月，某市团市委联合市文明办正式启动“青春护河五大行动”，组建了137支志愿服务队共同开展护河行动，协助各地“河长”治水护水。

请结合上述材料,运用“自然界的物质性”知识,分析该市开展“青春护河五大行动”的必要性。

3.阅读下列材料,并按要求作答。

材料1:“你未看此花时,此花与你同归于寂,你来看此花时,则此花颜色一时明白起来,便知此花不在你的心外。”一次王阳明在游山玩水时对友人如此说道。

材料2:荀子认为,“天地之变,阴阳之化”“天地合而万物生,阴阳接而变化起”。

材料1和材料2分别属于什么样的世界观?简述唯心主义和唯物主义的基本观点。

第3课 追求人生理想

知识梳理

一、坚持客观规律性与主观能动性的辩证统一

1.规律是客观的

(1)运动是物质的根本属性和存在方式,是宇宙中一切事物、现象的变化和过程。

(2)任何事物都处在运动之中,完全静止的事物是不存在的。

(3)物质运动具有客观规律性。

(4)人的存在和发展具有客观规律性。

2.人具有主观能动性

(1)人能够自觉地、有目的地、有计划地作用于客观世界,这就是人的主观能动性,亦称自觉能动性,是人所特有的一种能力。

(2)人的主观能动性表现为人既可以能动地认识世界,把握规律,又可以利用规律,能动地改造世界,以满足自身的需要。

(3)人不是被动的、依靠本能生存的。

3.坚持一切从实际出发,实事求是

(1)一切从实际出发,实事求是,必须尊重客观规律。

(2)一切从实际出发,实事求是,要正确发挥主观能动性。

(3)一切从实际出发,实事求是,要做到尊重客观规律与正确发挥主观能动性相统一。

二、努力把人生理想变为现实

1.正确把握理想与现实的辩证关系

(1)理想源于现实又高于现实。

(2)实现理想要脚踏实地。

2.正确把握个人理想与社会理想的关系

(1)个人理想是指个体对于自己未来生活的向往和期待。个人理想以社会理想为指引。

(2)社会理想是指社会全体成员所具有的共同理想和追求。社会理想是个人理想的凝练和升华。

生活感悟

毕业于职业学校的刘鹏鹏从一名普通焊工一路成长为行业精英，荣获“上海市五一劳动奖章”“全国工程建设系统技术能手”“全国优秀农民工”等众多荣誉称号。谈及自己的职业生涯，他深有感触地说：“最重要的是对理想的执着追求！”

刘鹏鹏从小就喜欢焊接，又有较强的动手能力，尤其是耳濡目染“全国十大能工巧匠”之一焊接技师高凤林的故事和一些焊接艺人高超的焊接技术后，更是心生向往，立志成为一位技艺高超的大国工匠。

走进职业学校学习焊接后，面对理论知识难懂、焊接实训辛苦的现实，刘鹏鹏深知“理想与现实有一定距离，需要努力才能实现”，他根据自己的学习情况制订学习计划，勤学苦练，脚踏实地，取得了优秀的学业成绩，最终顺利成为某公司的电焊技师。走上工作岗位后，他离梦想又近了一步，但是在学校学到的焊接技术很难应对实际工作中复杂的焊接要求。他为自己定下了“精、钻、创、研”四条要求，不仅利用业余时间刻苦练习焊接技艺，而且拜名师、学理论、搞创新，主动去啃中国造船焊接技术中的那些“硬骨头”。凭着这种追逐理想、迎难而上的精神和行动，刘鹏鹏用十余年时间成长为行业技术能手，突破了数项重要焊接技术难题，为中国造船事业作出了突出贡献，真正让理想照进了现实。

【思考】

刘鹏鹏是如何让理想照进现实的？请结合上述材料，谈谈理想和现实的关系。

习题演练

一、填空题

1.____________是物质的根本属性和存在方式,是宇宙中一切事物、现象的变化和过程。

2.运动是____________、____________,而静止是____________、____________。

3.人的存在和发展具有____________。

4.人能够自觉地、有目的地、有计划地作用于客观世界,这就是人的____________。

5.在认识世界和改造世界的过程中,要自觉坚持____________________,____________。

6.实现理想要____________,只有把远大的理想寓于具体的行动中,从小事做起,从身边的事做起,才能一步一个脚印地实现人生理想。

7.个人理想以____________为指引。每个人一生下来就置身于一定的社会关系中,个人理想的追求和实现归根结底是在社会实践中进行的。

8.今天,我们的社会理想是在中国共产党的领导下坚持和发展____________,实现____________,这是全体中国人民现阶段的共同理想;实现____________是我们的远大理想。

二、选择题

1.“天行有常,不为尧存,不为桀亡。”其中体现的哲理是(　　)。

A.规律是事物运动过程中现象的联系

B.自然规律具有客观性,社会规律具有主观性

C.规律是不以人的意志为转移的,具有客观性

D.人们对规律是可以认识并加以改造的

2.党中央高度重视对中华民族精神的传承和弘扬,从守岛卫国32年的王继才到用身体保护战友的杜富国,从把青春和生命献给脱贫事业的黄文秀到每一个在平凡岗位上倾情奉献的凡人英雄……每一个场景总能激荡起我们内心的感动与力量。这表明(　　)。

A.意识可以直接改造客观事物

B.意识的能动性使事物向正确的方向发展

C.正确的意识才能反作用于客观事物

D.正确的意识对事物的发展起促进作用

3.人生理想的实现需要(　　)。

A.空想　　B.幻想　　C.脚踏实地的行动　　D.等待机遇

4.下列关于理想的说法,错误的是(　　)。

A.理想是人生的奋斗目标　　B.理想可以脱离现实而存在

C.理想对人生有重要的指导作用　　D.理想是人们对未来的美好向往

5.中职学生在确立自己的人生理想时,应(　　)。

A.好高骛远　　B.不切实际　　C.结合自身实际　　D.盲目跟风

6.下列属于社会理想的是(　　)。

A.成为一名科学家　　B.拥有一套大房子

C.实现中华民族伟大复兴　　D.考上一所好大学

7.中职学生在追求人生理想的过程中,要正确处理好(　　)的关系。

A.理想与现实　　B.个人与社会

C.眼前利益与长远利益　　D.以上都是

8.微信昵称为“樵夫”的廖俊波,用生命践行了一名干部“忠诚、干净、担当”的要求,成为“两学一做”的楷模。“俊才为民屡建功,品正德高志如松”……微信上几十万人次的悼念评论寄托着对这位普通“砍柴人”的哀思。这表明(　　)。

①社会对个人的尊重和满足是对社会贡献的基础

②坚定的理想信念是实现人生价值的重要导向

③社会所提供的各种条件是实现价值的关键因素

④人既是价值的创造者,也是价值的享受者

A.①③　　B.②④　　C.①④　　D.②③

9.习近平总书记指出:“广大青年要勇敢肩负起时代赋予的重任,志存高远,脚踏实地,努力在实现中华民族伟大复兴的中国梦的生动实践中放飞青春梦想。”这强调青年学生要(　　)。

A.树立崇高理想,明确人生目标　　B.积极参加社会实践,承担社会责任

C.立足个人实际,不好高骛远　　D.树立正确的价值观,积极进取

10.新年伊始,某班举行“奔跑2025,我们都是追梦人”的主题班会,同学们发言表示,有梦想就有目标,有希冀才会奋斗;追梦的道路是艰辛的,但我们都应该努力奔跑,奋力前行。由这些同学的发言可知,(　　)。

A.理想与现实无关　　B.奋斗铸就人生梦想

C.逆境才能使人成功　　D.希望决定目标实现

11.下列选项中不属于个人理想的是(　　)。

A.职业理想　　B.生活理想　　C.道德理想　　D.社会政治理想

12.面对极端异常天气多发频发,农业农村部印发《关于紧急行动起来切实做好当前农机防灾救灾工作的通知》,要求各地农业农村部门充分预估各类灾害将给农业生产带来的威胁,细化具有针对性、可操作性的农村防灾减灾预案措施。这体现出(　　)。

A.意识活动的自觉选择性受自然灾害等客观条件制约

B.充分发挥人的主观能动性就能突破规律的制约

C.意识对人们改造世界的工作发挥促进作用

D.农村防灾救灾工作需要围绕意识活动构建的目标进行

13.国产科幻电影正受到越来越多观众的喜爱。著名科幻作家刘慈欣表示,科幻作为一种思维方式已经深入我们的生活,它代表用想象力构建的思维实验室。技术发展给人类打开希望的大门,让我们有更多机会创造美好的未来。从哲学角度可以这样理解,(　　)。

①科幻电影都是作家独特想象力的产物

②意识活动能够创造出一个科幻的世界

③意识能把观念的存在变成现实的存在

④思维着的精神是"地球上最美的花朵"

A.①③　　B.①④　　C.②③　　D.②④

14."入山问樵,入水问渔"蕴含的哲理是(　　)。

A.想问题、办事情要充分发挥主观能动性

B.想问题、办事情要从实际出发

C.想问题、办事情要充分借助外界条件

D.想问题、办事情首先要分析规律

15.关于理想,下列说法错误的是(　　)。

A.理想提供前进动力　　B.理想对人的行动产生巨大影响

C.理想指引人生方向　　D.理想决定收入的高低

16."风有信,花不误,岁岁如此,永不相负。"每年冬去春来,从小寒到谷雨的八个节气二十四候里,每候都有某种花卉迎蕾开放,带来开花音讯的风候。这体现了(　　)。

①脱离运动的物质是存在的

②规律是事物稳定的、必然的联系

③运动是物质的唯一特性

④事物的运动具有客观性

A.①②　　B.①③　　C.③④　　D.②④

17.(多选)下列选项中说法正确的有(　　)。

A.事物都处在运动之中,不存在完全静止的物质

B.事物都处在相对运动之中,存在完全静止的物质

C.运动是绝对的,静止是有条件的、相对的

D.运动和静止都是绝对的,但静止是有条件的

18.(多选)下列对理想与现实关系的理解,正确的有(　　)。

A.理想源于现实,又高于现实

B.理想与现实是对立统一的关系

C.现实是理想的基础,理想是未来的现实

D.只要有理想,就一定能变成现实

19.(多选)中职学生可以通过以下(　　)方式追求人生理想。

A.努力学习专业知识和技能　　B.积极参加社会实践活动

C.培养良好的品德和行为习惯　　D.树立正确的人生观和价值观

20.(多选)"我们就是祖国的界碑,脚下的每一寸土地都是祖国的领土""宁肯高原埋忠骨,绝不丢失一寸土"。戍边英烈们的事迹感动着每一个中国人,是他们不惜一切代价,用青春热血换来了我们的和平、团圆。英烈虽已逝去,但精神永驻边关。这启示我们要(　　)。

A.提高个人素质,实现自我价值　　B.坚持价值引领,规定人生方向

C.坚定理想信念,坚守使命担当　　D.崇尚崇高生活,凝聚人生价值

三、判断题

1.存在绝对静止的事物。(　　)

2.自然界的存在和发展是客观的,人的存在和发展也是客观的。(　　)

3.规律具有普遍性,但是存在没有规律的物质运动。(　　)

4.人是依靠本能被动生存的。(　　)

5.主观能动性也称自觉能动性,是人所特有的一种能力。(　　)

6.理想是人的主观能动性的一种表现。(　　)

7.社会理想的实现,必须以个人理想的实现为前提和基础。(　　)

8.现阶段,实现中华民族的伟大复兴是中国人的社会理想。(　　)

四、简答题

1.规律是什么？它有哪些特性？

2.简述理想与现实的辩证关系。

3.简述个人理想与社会理想的关系。

五、材料分析题

1.阅读下列材料,并按要求作答。

某校根据学生身心发展的特点,自2009年建校起就创办"开心农场",开启"新劳动教育"试验,先后开发出"农事劳作""创意劳动"和"美好生活"三个课程群,培养学生的劳动习惯、劳动能力和劳动观念。同时,该校结合地方民俗和文化,开设了一些实践体验课程,把劳动教育延伸到家庭生活和社会生活。该校劳动教育促进了学校德育、智育、美育和体育水平提升,促进了学生全面发展。

请结合上述材料,运用物质和意识的辩证关系、客观规律性和主观能动性的辩证关系,分析该校劳动教育取得显著成效的原因。

2.阅读下列材料,并按要求作答。

某中职学校班级正在开展"我的理想我的爱"主题分享活动。每位同学都按照自己的实际情况制订了理想计划,大家讨论激烈。其中,小文说:"我的家庭条件比较优越,我追求平淡朴实的生活,我不需要理想。"小陆说:"我的理想是将来成为业务骨干,但对我来说这太难了,我打算放弃理想了。"

假如你是小文和小陆的同学,应如何劝说二人立足现实树立科学理想?

3.阅读下列材料，并按要求作答。

党的二十大报告指出："今天，我们比历史上任何时期都更接近、更有信心和能力实现中华民族伟大复兴的目标，同时必须准备付出更为艰巨、更为艰苦的努力。""当代中国青年生逢其时，施展才干的舞台无比广阔，实现梦想的前景无比光明。""广大青年要坚定不移听党话、跟党走，怀抱梦想又脚踏实地，敢想敢为又善作善成，立志做有理想、敢担当、能吃苦、肯奋斗的新时代好青年，让青春在全面建设社会主义现代化国家的火热实践中绽放绚丽之花。"

请结合上述材料和自身实际，阐述我们应如何认识和处理好理想与现实、个人理想与社会理想的关系。

第二单元 辩证看问题 走好人生路

单元整体解读

世界是普遍联系和永恒发展的，矛盾是事物发展的源泉和动力。如何用联系、发展、全面、系统的观点看问题，防止用孤立、静止、片面、零散的观点看问题？如何用矛盾分析方法正确看待和处理问题？探讨和回答这些问题，可以帮助我们正确理解和处理人生发展过程中的各种关系，积极面对人生道路上的顺境与逆境，正确对待各种矛盾，走好人生路。

通过对本单元的学习，我们将学会用联系的观点看问题，认识到人生发展与自然、社会和他人息息相关，学会在和谐共处中实现人生发展，懂得要用发展的眼光看待世界，用发展的观点正确处理人生问题，脚踏实地走好人生路。我们将明白对立统一规律是事物发展的根本规律，理解矛盾普遍性与特殊性的辩证关系，在想问题、办事情时，学会抓住主要矛盾和矛盾的主要方面，坚持内外因相结合、具体问题具体分析。

单元目标聚焦

知识目标

（1）了解联系的含义，把握整体与部分的关系。

（2）了解事物发展的两种基本状态，掌握质变与量变的辩证关系。

（3）了解矛盾的同一性和斗争性、矛盾的普遍性和特殊性的辩证关系。

能力目标

（1）能够用联系的观点看问题和分析问题，初步具有坚持和把握整体与部分辩证关系的能力。

（2）能够结合具体事例分析，说明世界是永恒发展的，理解事物发展是前进性与曲折性的统一。

（3）能够运用矛盾的普遍性与特殊性辩证关系原理分析具体问题，提高辩证思维能力和具体问题具体分析的能力。

素养目标

（1）树立唯物辩证法的联系观，树立整体意识，培养全局观念，正确处理人与自然、人与社会、人与自身的关系。

（2）坚定对中国特色社会主义的自信，增强主人公精神和公共参与意识，自觉投身国家建设，勇担社会责任。

第4课 用联系的观点看问题

知识梳理

一、世界是普遍联系的

1.联系的普遍性、客观性

(1)世界上没有孤立存在的事物,任何事物都与周围其他事物有着这样或那样的联系。

(2)联系具有普遍性。

(3)联系具有客观性。

2.联系的多样性、条件性

(1)联系具有多样性。

(2)联系具有条件性。

二、在和谐共处中实现人生发展

1.正确处理整体与部分的关系

(1)整体与部分相互联系,密不可分。

(2)整体是由部分构成的,没有部分便没有整体;部分的功能及其变化会影响整体的功能,关键部分的功能及其变化甚至对整体的功能起决定作用。

2.用联系的观点看待世界和人生

(1)要学会用联系的观点正确认识和处理人与自然的关系,实现人与自然和谐共生。

(2)要学会用联系的观点正确认识和处理个人与社会的关系,实现人与社会的和谐。

(3)要学会用联系的观点正确认识和处理人与自身的关系,促进自我身心和谐。

生活感悟

2020年3月，中共中央、国务院印发《关于全面加强新时代大中小学劳动教育的意见》，要求把劳动教育纳入人才培养全过程，贯通大中小学各学段，贯穿家庭、学校、社会各方面，与德育、智育、体育、美育相融合，形成具有综合性、实践性、开放性、针对性的劳动教育课程体系；着力提升学生综合素质，促进学生全面发展、健康成长，把准劳动教育价值取向，引导学生树立正确的劳动观，崇尚劳动、尊重劳动，增强对劳动人民的感情，报效国家，奉献社会。

劳动教育是中国特色社会主义教育制度的重要内容，直接决定社会主义建设者和接班人的劳动精神面貌、劳动价值取向和劳动技能水平。近年来，一些青少年中出现了不珍惜劳动成果、不想劳动、不会劳动的现象，劳动的独特育人价值在一定程度上被忽视，劳动教育正被淡化、弱化。对此，全党全社会必须高度重视。

【思考】

请运用联系的观点，分析把劳动教育纳入人才培养全过程的必要性。

习题演练

一、填空题

1.联系是指____________之间以及____________之间相互影响、相互制约和相互作用的关系。

2.联系具有普遍性、____________性、____________性和____________性的特征。

3.从无机界到有机界,从自然界到人类社会和人的思维,所有事物都同其他事物处于一定的____________之中。

4.联系的普遍性要求我们把整个世界看作相互联系的统一整体,反对____________地、____________地看问题。

5.联系是事物本身所固有的,不以人的意志为____________。

6.联系的客观性要求我们从事物本身____________出发去认识事物,不能主观臆造并不存在的联系。

7.事物的联系是多种多样的,有直接联系和间接联系、内部联系和____________联系、本质联系和____________联系、必然联系和____________联系等。

8.整体与部分相互联系、密不可分。整体是事物的____________或发展的全过程,部分是事物的____________或发展的各个阶段。

9.在认识和处理人生问题时,要运用____________观念,立足____________,统筹____________,同时要重视部分的作用,善于抓住关键部分。

10.要学会用联系的观点正确认识和处理人与自然的关系,实现人与自然____________。

11.要学会用联系的观点正确认识和处理个人与社会的关系,实现人与社会的____________。

12.要学会用联系的观点正确认识和处理人与自身的关系,促进自我____________。

二、选择题

1.1 吨废报纸可生产 850 千克再生纸,相当于少砍伐 17 棵树。废报纸的循环再利用与树木、环境、经济、社会的关系表明,事物之间的联系是(　　)。

A.多种多样的　　B.变化多端的　　C.因人而异的　　D.主观臆造的

2.我国有“差之毫厘,谬以千里”的成语。西方也流传着一首“丢失一个钉子,坏了一只蹄铁;坏了一只蹄铁,折了一匹战马;折了一匹战马,伤了一位骑士;伤了一位骑士,输了一场战斗;输了一场战斗,亡了一个帝国”的民谣。二者有异曲同工之妙,都揭示了(　　)。

A.世界上重大事件的发生都是偶然联系相互作用的结果

B.事物的普遍联系都是大胆想象和合理推论的结果

C.事物的联系都具有必然性和间接性的特点

D.世界上万事万物无不处于相互影响、相互制约的关系之中

3.北京成功申办冬奥后,“水立方”创造性地提出“水冰转换”和“冰水双轮驱动”方案,通过建设核心由制冰、除湿、空调、体育照明和控制等系统组成的可移动、可转换的冰场,成为世界首

例在泳池内搭建冰壶赛道的冬奥场馆。水上项目场馆成功转变为冰上项目场馆说明(　　)。

A.建立新的联系是人们主观臆造的结果

B.某些复杂具体事物的联系不一定依赖条件

C.人们可以根据事物固有的联系,建立新的联系

D.人们无法把握事物复杂多样的本质联系

4.即将参加对口升学考试的小丹同学认为,考试第一天穿红色可以“开门红”;第二天穿绿色象征“一路绿灯”;妈妈送考要穿旗袍,表示“旗开得胜”;爸爸送考要穿马褂,寓意“马到成功”。这种认为“穿戴”决定考试成绩、影响人生前途命运的观点是不可取的,其哲学依据是(　　)。

A.任何事物之间都存在必然联系

B.想象的联系代替不了事物固有的联系

C.事物之间的必然联系是不固定的联系

D.基于主观目的的行为不会产生客观联系

5.物联网就是物物相连的互联网,即利用互联网等通信技术,把传感器、控制器、机器、人员和物等通过新的方式连在一起,使人与物、物与物相连,实现对“万物”的“富效、节能、安全、环保”的“管、控、营”一体化。这表明(　　)。

A.人们应该忽视直接联系和表面联系,重视间接联系和本质联系

B.联系是客观的,但我们可以改变事物的状态,建立新的联系

C.人们可以创造联系为美好生活服务

D.人们可以改变规律为人类造福

6.关于联系,下列说法正确的是(　　)。

A.联系是事物本身所固有的,无法改变　　B.世界上有孤立存在的事物

C.联系是绝对的、无条件的　　D.事物的联系是多种多样的

7.当前,浙江正在大力发展湾区经济,致力于到 2035 年,将以杭州湾经济区为核心的大湾区建设成绿色智慧、和谐美丽的世界级现代化大湾区。这表明(　　)。

A.任何事物之间都存在联系

B.人总能根据自己的需要建立新的联系

C.事物是普遍联系的,要用联系的观点看问题

D.联系是单一的,会以时间、地点和条件为转移

8.在分析和把握事物存在和发展的各种条件时,坚持一切以时间、地点、条件为转移。这种做法(　　)。

A.违背了普遍联系的观点　　B.是联系的条件性的要求

C.否认了联系的客观性　　D.是形而上学唯物主义的观点

9.下列成语、俗语中能够体现部分对整体的影响的是(　　)。

A.滴水不能行舟,独木不能成林　　B.不谋全局者,不足以谋一域

C.天下难事,必作于易　　D.牵一发而动全身

10.几种原料混在一起炒出来的菜,会具有任何一种原料所不具备的美妙味道。这种现象

说明(　　)。

①整体具有部分所不具备的功能

②部分的功能对整体起决定作用

③要注重系统的结构优化

④整体功能肯定大于各部分功能之和

A.①③　　B.②③　　C.①④　　D.②④

11.新合肥西站是国家“八纵八横”高速铁路主通道京港通道的重要组成部分,可衔接商合杭高铁、合福高铁、合安高铁、合新高铁等多条高铁线路,使合肥枢纽运输组织更加灵活,对促进地区交通一体化和区域经济社会发展产生深远影响。这主要表明(　　)。

A.把握事物联系的客观性是正确解决问题的关键

B.事物联系的多样性取决于人的实践活动的多样性

C.要重视部分的作用,用局部的发展推动整体的发展

D.立足整体,发挥整体功能大于部分功能之和的功效

12.交通方式的变革及交通运输科技的发展,正成为推动经济社会可持续发展的重要力量。2023 年 6 月,世界交通运输大会在湖北举行。在大会上,某集团公司展位上的沙盘展示了一幅图景:高速公路两侧边坡和建筑物上铺设有风光发电设施,构建了交通与能源融合的智慧系统。这反映了(　　)。

A.任何事物之间都存在这样或那样的联系

B.人们可以通过实践建立自在事物的联系

C.人类积极探索把握交通与能源间的联系

D.人类活动可以随意改变事物之间的联系

13.海洋牧场是采用规模化渔业设施和系统化管理体制,利用自然的海洋生态环境,将人工放流的经济海洋生物聚集起来,有计划和有目的的海上放养。海洋牧场建设不仅会带动海岸带生物资源的合理利用,而且将形成水产品生产—精深加工—休闲渔业“三产融合”的现代化海洋牧场架构。海洋牧场建设说明(　　)。

①人们能将自在事物的联系转化为人为事物的联系

②尊重事物发展的客观规律是规律发挥作用的前提

③人为事物的联系具有“人化”的特点,其价值更大

④只有符合规律的正确意识才能有效发挥能动作用

A.①③　　B.①④　　C.②③　　D.②④

14.近年来,中国加快推进“机器人+”应用行动,鼓励新兴领域先行探索,通过机器人的融合应用加速农业、工业、服务业的智能转型,培育机器人融合创新生态圈,在更高层次壮大机器人产业规模,丰富产业发展形态。这说明(　　)。

①事物间的相互联系相互作用构成事物的发展

②人能根据事物固有联系建立新的具体联系

③实践可以把人为事物的联系转化为自在事物的联系

④人为事物的联系比自在事物的联系更符合科学规律

A.①② B.③④ C.①③ D.②④

15.有什么样的发展观,就有什么样的发展道路。坚持人与自然和谐共生,不是不发展、不作为,而是要通过高质量的绿色发展,实现人与自然和谐共生的现代化。做到人与自然和谐共生需要(　　)。

①尊重自然的物质性,顺从自然规律

②发挥主观能动性与尊重客观规律结合起来

③根据人类需要建立人与自然新的联系

④树立正确的意识,促进人与自然和谐共生

A.①③ B.②④ C.③④ D.①②

16.有句谚语说:“一个人走,可以走得很快;一群人一起走,能够走得很远。”面对单边主义、贸易霸凌主义的冲击,人类社会向何处去?中国方案是:构建人类命运共同体,实现合作共赢。这一理念表明(　　)。

A.关键部分决定整体

B.整体由部分构成,离开部分,整体就不存在

C.搞好局部,用局部的发展推动整体的发展

D.要树立全局观念,达到整体功能大于部分功能之和的效果

17.(多选)关于联系,下列说法正确的有(　　)。

A.联系只存在于人类社会

B.联系体现了人的主观能动性

C.世界是普遍联系的,联系具有普遍性

D.我们要正确认识和处理整体与部分的辩证关系

18.(多选)关于整体与部分,下列说法正确的有(　　)。

A.部分独立于整体

B.应立足整体,统筹全局

C.整体制约着部分

D.整体由部分构成,没有部分便没有整体

19.(多选)随着智慧城市建设不断深入,许多城市充分运用大数据、物联网等新技术,发布积水地图,对城市内涝进行实时监测。积水地图为居民生活提供便利、助力防范安全风险,背后是多个领域数据的互联互通,是水务、大数据、交通等部门的协同合作。上述材料蕴含的哲理有(　　)。

A.用综合的思维方式,掌握系统优化方法

B.人们可以根据事物的固有联系建立新的具体联系

C.把握联系的多样性是正确解决矛盾的关键

D.人为事物的联系和自在事物的联系相互依存相互转化

20.(多选)在科技创新中,时常存在“管理孤岛”“资源孤岛”“信息孤岛”“技术孤岛”等现

象,导致各子系统之间的资源、信息、人才等流动不畅,科技创新效率低下。消除科技创新中的“孤岛现象”,就要(　　)。

A.坚持运用系统优化综合的思维方式分析和解决问题

B.从科学理论出发,改变不利联系,构建大安全格局

C.立足于关键部分,用部分的变化推动事物整体的发展

D.注重事物内部结构优化,着眼于整体功能的最大发挥

三、判断题

1.联系具有普遍性,因此任何两个事物之间都有联系。(　　)

2.联系是事物本身所固有的,联系的性质和方式不会随条件改变而改变。(　　)

3.联系是客观的,既不能创造,也不能消灭。(　　)

4.整体功能不一定大于部分功能之和。(　　)

5.自然事物的联系是客观的,人为事物的联系是主观的。(　　)

6.自然是为人类服务的,人类可以随意改造自然。(　　)

7.要重视部分的作用,善于抓住关键部分。(　　)

8.个人与社会是紧密联系的,应重视社会对个人发展的作用。(　　)

四、简答题

1.如何理解联系的普遍性?

2.简述整体与部分的关系。

3.如何用联系的观点看待世界和人生?

五、材料分析题

1.阅读下列材料,并按要求作答。

在北京冬奥会期间,被称为“雪飞天”的首钢滑雪大跳台赢得了国内外的广泛赞誉,实现了工业遗产和冬奥赛场的有效转化和完美结合。近年来,国内许多城市巧妙利用闲置的厂房和设备,精心打造文创产业园、时尚设计园、爱国主义教育基地等,厂房变成博物馆,仓库改成音乐厅,厂区建成影视基地。

请运用联系的普遍性和客观性原理,对上述现象进行分析。

2.阅读下列材料,并按要求作答。

《道德经》有言:“天下难事,必作于易;天下大事,必作于细。”这句话精辟地指出了想成就一番事业,必须从简单的事情做起,从细微之处入手。一心渴望伟大、追求伟大,伟大却了无踪影;甘于平淡,认真做好每个细节,伟大反而不期而至。这就是细节的魅力。

请运用整体与部分的相关知识,对“细节决定成败”这个观点进行辨析。

3.阅读下列材料,并按要求作答。

"'致广大而尽精微'是成事之道。"2021年12月8日,在中央经济工作会议上,习近平总书记强调了工作的方法论:"干事业做工作大方向要正确,重点要明确,战略要得当,同时要把控好细节,把政治经济、宏观微观、战略战术有机结合起来,做到谋划时统揽大局、操作中细致精当。"在2022年新年贺词中,习近平总书记再次为我们未来干事创业指明了方法路径,要求我们"致广大而尽精微"。

请结合上述材料,运用整体和部分的知识,分析说明"致广大而尽精微"这句古语对新时代青年干事创业的启示。

第5课 用发展的观点看问题

知识梳理

一、世界是永恒发展的

1.发展的普遍性

(1)自然界是发展的。
(2)人类社会是发展的。
(3)人的认识是发展的。

2.发展的实质

(1)发展的实质是新事物的产生和旧事物的灭亡。
(2)事物的发展是螺旋式上升、波浪式前进的过程。
(3)事物的发展是前进性和曲折性的统一,前途是光明的,道路是曲折的。

3.事物变化的状态

(1)量变与质变是事物变化的两种基本状态或形式。
(2)量变是质变的必要准备,质变是量变的必然结果。

二、用发展的观点处理人生问题

1.注重量的积累,实现质的飞跃

(1)人生是一个发展的过程,我们要脚踏实地,注重量的积累。
(2)要抓住时机,实现质的飞跃。
(3)在人生发展过程中,我们要善于抓住机遇,攀登人生的新高度。

2.正确对待顺境与逆境

(1)人生发展有顺境也有逆境。

(2)顺境为人生发展提供机遇和有利条件,可以让我们的才能得到充分的发展,但也容易使人安于现状,缺乏危机感和奋斗的动力。

(3)逆境会使我们受到一时的挫折,但只要我们正确对待,就可以磨炼意志,积累经验,促使我们奋发向上。

(4)我们要用发展的观点正确认识和处理人生道路上的顺境与逆境。

生活感悟

四川小伙李豪非常喜欢运动，尽管小时候因车祸导致右腿截肢，但他仍立志成为一名运动员为国争光。他坚持运动、刻苦训练，13岁时被推送到体校学习轮椅击剑，并成功进入四川轮椅击剑队。长期枯燥辛苦的训练，让李豪身心疲惫，萌生了退队的想法。但在母亲的悉心开导和教诲下，他决定将击剑事业进行到底。

他用心观摩、虚心求教，不顾右腿截肢的后遗症，经常进行大强度苦练，受伤了也训练不止。最终，他的击剑技术有了长足提升，先后在全国、国际比赛中获得21枚奖牌，并在2021年东京残奥会中为中国军团拿下本届残奥会首金，为祖国争得了荣誉。

【思考】

请结合发展的观点，谈谈李豪是如何战胜逆境、提升击剑技术的。

习题演练

一、填空题

1.____________是发展的;____________是发展的;____________是发展的。

2.发展的实质是____________的产生和____________的灭亡。

3.新事物符合____________、具有强大生命力和远大____________;旧事物违背事物发展的____________,最终会走向灭亡。

4.事物发展的前途是____________的,道路是____________的。

5.事物的发展是____________上升、____________前进的过程。

6.____________与____________是事物变化的两种基本状态或形式。

7.量变是质变的____________,质变是量变的____________。

8.人生是一个发展的过程,我们要脚踏实地,注重____________的积累。

9.要抓住时机,实现____________的飞跃。

10.顺境为人生发展提供机遇和____________,可以让我们的才能得到自由充分的发展,但也容易使人安于现状,缺乏危机感和奋斗的动力。

11.逆境会使我们受到一时的____________,但只要我们正确对待,就可以磨炼意志,积累经验,促使我们奋发向上。

12.人生发展有顺境也有逆境。在顺境中,要居安思危、有____________意识;在逆境中,不要消极悲观、畏难退缩、自暴自弃,而要冷静思考、善于反思,以____________的心态勇于面对困难,应对挫折,从而度过逆境,迎来顺境。

二、选择题

1.“沉舟侧畔千帆过,病树前头万木春。”这两句诗体现了(　　)。

A.联系的观点　　B.发展的观点　　C.矛盾的观点　　D.静止的观点

2.新事物必然战胜旧事物,是因为新事物具有旧事物所不可比拟的优越性。新事物的优越性主要表现在它(　　)。

A.出现时间早　　B.力量强大　　C.符合客观规律　　D.比较完善

3.新事物战胜旧事物,必然要经历一个(　　)的过程。

A.毫不犹豫、速战速决　　B.循序渐进、曲折反复

C.一蹴而就、不假思索　　D.踌躇不前、循环往复

4.量变和质变的根本区别在于(　　)。

A.量变是渐进的,质变是突然的

B.量变是不显著的变化,质变是显著的变化

C.量变是在度的范围内的变化,质变是超出度的范围的变化

D.量变是数量的增减,质变是场所的变更

5.当代青年在做任何事情的时候,都要脚踏实地,从小事做起,重视________的积累,为实现________创造条件。依次填入横线处的内容,最恰当的一组是(　　)。

A.质;量变　　B.量;量变　　C.质;质变　　D.量;质变

6.我们在学习和生活中,要重视量的积累,因为(　　)。

A.没有量变就没有质变　　B.量变是质变的必然结果

C.质变是量变的必要准备　　D.量变比质变更重要

7.事物发展的总趋势是(　　)。

A.前进的、上升的　　B.曲折的、迂回的

C.前进性与曲折性的统一　　D.量变与质变的统一

8.当我们在遇到困难和挫折时,应该(　　)。

A.悲观失望,一蹶不振　　B.看到前途是光明的,对未来充满信心

C.急于求成,希望一蹴而就　　D.回避矛盾,绕开困难

9.新事物是指(　　)。

A.最强大、发展最快的事物

B.最新出现、又有最新形式的事物

C.符合客观规律、具有强大生命力和远大前途的事物

D.最新出现、最受人欢迎的事物

10.最初人们把文盲定为“不识字的人”;20世纪70年代,世界上又把文盲定为“看不懂现代信息符号、图表的人”;而现在联合国把文盲确定为“不能用计算机交流的人”。可见(　　)。

A.人类社会是发展的　　B.事物的变化是新陈代谢的过程

C.人的认识在不断地变化发展　　D.事物瞬息万变,不可捉摸

11.国家网信办联合国家发展改革委、教育部等部门公布了《生成式人工智能服务管理暂行办法》,其中第三条规定对生成式人工智能服务实行包容审慎监管,促进数字经济创新。这给我们的哲学启迪是(　　)。

①要热情支持和悉心保护新事物

②新出现的事物总比旧事物更优越

③必须坚持用发展的观点看问题

④事物的任何运动和变化都是发展

A.①③　　B.①④　　C.②③　　D.②④

12.在一匹马身上放一根稻草,马毫无反应。倘若继续一根一根地添加稻草,当最后一根稻草放到马身上后,马竟不堪重负瘫倒在地。这就是“稻草原理”。“稻草原理”说明(　　)。

A.质变是量变的必然结果　　B.事物的质变比量变重要

C.事物的量变比质变重要　　D.质变是不显著的

13.中华民族伟大复兴不是轻轻松松、敲锣打鼓就能实现的,必须勇于进行具有许多新的历史特点的伟大斗争,准备付出更为艰巨、更为艰苦的努力。其中蕴含的哲理是(　　)。

A.抓住时机促成事物的质变与发展

B.要做好量的准备,为质变创造条件

C.事物经过一定的量变就能实现质变

D.事物总处在渐进和不显著的变化中

14.“学习如春起之苗,不见其增,日有所长;辍学似磨刀之石,不见其损,年有所亏。”这段话告诫我们要(　　)。

A.重视量的积累　　B.果断抓住时机　　C.善于创新发展　　D.坚定理想目标

15.“巧妇难为无米之炊”“有了避邪石和风水球,我一定会官运亨通”,这两个观点反映了哲学史上的“对子”。下列与之相同的观点是(　　)。

A.“我思故我在”与“是就是,不是就不是”

B.“气者,理之依也”与“人病则忧惧,忧惧则鬼出”

C.“时人不识凌云木,直待凌云始道高”与“读书百遍,其义自现”

D.“观念的东西不外是移入人的头脑并被人的头脑改造过的物质的东西而已”与“有条件要上,没条件也要上”

16.习近平总书记在参观探月工程成果展览时强调,要弘扬探月精神,发挥新型举国体制优势,勇攀科技高峰,服务国家发展大局,一步一个脚印开启星际探测新征程,不断推进中国航天事业创新发展,为人类和平利用太空作出新的更大贡献。这启示我们(　　)。

①正确的意识源于现实并消除了客观条件的制约

②人类能认识事物的本质和规律并能动改造世界

③整体由部分构成,整体功能存在于各部分之中

④量变是质变的必要准备,没有量变就没有质变

A.①②　　B.①③　　C.②④　　D.③④

17.(多选)新事物之所以能够战胜旧事物,是因为(　　)。

A.新事物符合客观规律　　B.新事物具有强大的生命力

C.新事物具有远大的前途　　D.新事物在旧事物的基础上产生

18.(多选)2023 年 10 月 26 日,交通运输部举行新闻发布会,宣布北京、上海、广州等城市目前已实现自动驾驶出行服务准商业化运行,天津港、上海港、厦门远海码头等试点单位部署了 200 余台自动驾驶集卡或自动驾驶水平运输设备,实现了常态化运行。业内专家指出,自动驾驶需要经历从低速到高速、从载物到载人、从商用到民用等阶段才能逐步走向成熟。这表明,自动驾驶作为新事物,(　　)。

A.因符合广大人民的利益,必然会朝着假设的目标发展

B.要经历“量变—质变—新的量变—新的质变”的过程

C.会遭到旧事物的阻碍和扼杀,必然要经历曲折的过程

D.总要经历一个由小到大、由不完善到比较完善的过程

19.(多选)下列关于量变和质变的关系,说法正确的是(　　)。

A.量变是质变的必要准备　　B.质变是量变的必然结果

C.量变和质变是相互渗透的　　D.量变和质变是相互依存的

20.(多选)我们在实际生活中应该(　　)。

A.用发展的观点看问题　　B.正确对待前进中的困难和挫折

C.重视量的积累　　　　　　　　D.抓住时机，促成质变

三、判断题

1.发展是一种运动变化，但运动变化不一定是发展。(　　)

2.新事物一开始就表现得比旧事物更强大、更完善。(　　)

3.量变必然引起质变。(　　)

4.质变是量变的总和。(　　)

5.新事物必将战胜旧事物。(　　)

6.我们要积极支持新事物的成长。(　　)

7.没有量变就没有质变，没有质变也就没有量变。(　　)

8.事物的发展是由量变到质变，又在新质的基础上开始新的量变，如此循环往复，不断前进。(　　)

9.在实际生活中，我们要学会把握适度原则。(　　)

10.当我们遇到困难和挫折时，要坚信前途是光明的，道路是曲折的。(　　)

四、简答题

1.为什么说发展具有普遍性？

2.发展的实质是什么？新出现的事物就是新事物吗？

3.如何理解“发展是前进性和曲折性的统一”？

五、材料分析题

1.阅读下列材料,并按要求作答。

被誉为“杂交水稻之父”的袁隆平一生致力于水稻技术的研究应用与推广。一路走来,他的科研之路不乏被质疑,经历了很多失败和挫折,但他始终不畏艰辛地坚持着。“哪有搞科学研究不失败的呢?”“做科研不要怕冷嘲热讽,不要怕别人说你标新立异。”这些话一直激励着年轻学子勇闯科学创新的殿堂。

请结合上述材料,运用所学事物发展途径的内容,说明科研过程中的失败挫折是取得攻关突破必经的历程。

2.阅读下列材料,并按要求作答。

工作人员为群众办好每一件事,商家为消费者提供货真价实的商品,每个人看见需要帮助的人就热心搭把手……社会主义道德建设,与每个公民息息相关。只要每个人都积极行动起来,担负起一份道德责任,就会将社会的道德水准提升一分,涓涓细流汇聚成海,社会主义道德整体水平就会提高。

请结合上述材料,运用量变和质变辩证关系原理,阐述个人自觉践行社会主义道德建设的重要意义。

3.阅读下列材料,并按要求作答。

党的二十大报告指出:“中国式现代化是全体人民共同富裕的现代化。共同富裕是中国特色社会主义的本质要求,也是一个长期的历史过程。”因此,我们要充分认识共同富裕的长期性、艰巨性、复杂性,分阶段进行,尽力而为,量力而行,同时统筹需要和可能,坚持循序渐进。

请结合上述材料,运用唯物辩证法发展的观点,谈谈怎样“逐步实现全体人民共同富裕”。

第6课 用对立统一的观点看问题

知识梳理

一、对立统一规律是事物发展的根本规律

1.矛盾是事物发展的源泉和动力

(1)世界上的一切事物都包含着既相互对立又相互统一的两个方面,这种既对立又统一的关系就是矛盾。

(2)同一性和斗争性是矛盾的两种基本属性。

(3)矛盾的同一性是指矛盾双方相互联系、相互依存的属性。

(4)矛盾的斗争性是指矛盾双方相互排斥、相互对立的属性。

(5)矛盾是事物发展的源泉和动力。

(6)人生处处有矛盾。

2.矛盾的普遍性和特殊性

(1)矛盾具有普遍性。矛盾存在于一切事物之中。

(2)矛盾具有特殊性。世界上的事物虽然都包含矛盾,但具体矛盾却各不相同。

(3)矛盾的普遍性和特殊性相互联结。

二、正确认识和处理人生矛盾

1.坚持两点论与重点论的统一

(1)在认识复杂事物的发展过程时,既要看到主要矛盾,又要看到次要矛盾;在认识某一矛盾时,既要看到矛盾的主要方面,又要看到矛盾的次要方面,这就是两点论。

(2)要着重把握事物发展过程中的主要矛盾,着重把握某一矛盾中的主要方面,这就是重点论。

2.坚持内因与外因相结合

(1)事物发展是内因与外因共同作用的结果。

(2)人生发展要坚持内因与外因相结合,正确处理好自身努力与外部条件的关系。

3.坚持具体问题具体分析

(1)具体问题具体分析是正确认识事物的基础。

(2)具体问题具体分析是正确解决矛盾的关键。

(3)对待人生矛盾要学会具体问题具体分析。

生活感悟

西餐烹饪专业的小陈，在获得2020年全国职业技能大赛第四名后，成功进入国家集训队，备战世界技能大赛。在训练队里，每个队员都各有优势。小陈觉得他们都是竞争对手，于是暗暗较劲，独自加倍训练，遇到难题也不愿与大家交流。指导老师看到这种情况后找小陈谈心，鼓励他把队友当成合作伙伴。在老师的关怀下，小陈及时调整心态，主动与其他队员交流，在训练中取长补短，互相帮助。渐渐地，他和队友既是竞争对手又是合作伙伴，共同成长。

【思考】

请结合材料中小陈把队友既当成竞争对手又当成合作伙伴，共同成长的事实，谈谈你对“矛盾是事物发展的源泉和动力”的理解。

习题演练

一、填空题

1.世界上的一切事物都包含着既相互对立又相互统一的两个方面,这种既__________又__________的关系就是矛盾。

2.__________和__________是矛盾的两种基本属性。

3.矛盾的同一性是指矛盾双方相互__________、相互__________的属性。

4.矛盾的斗争性是指矛盾双方相互__________、相互__________的属性。

5.矛盾的同一性不能脱离斗争性而存在,是包含着差别的同一;矛盾的斗争性也不能脱离同一性而存在,斗争性__________同一性之中并被其制约。

6.在事物发展过程中有多种矛盾,处于__________地位、对事物发展起__________作用的矛盾就是主要矛盾;处于__________地位、对事物发展不起__________作用的矛盾就是次要矛盾。

7.每一矛盾都有两个方面,其中必有一方处于__________地位、起__________作用,这就是矛盾的主要方面;处于__________地位、__________状态的一方就是矛盾的次要方面。

8.事物的性质主要是由__________决定的。

9.在认识复杂矛盾的发展过程时,既要看到__________,又要看到__________;在认识某一矛盾时,既要看到矛盾的__________,又要看到矛盾的__________,这就是两点论。

10.矛盾的__________与__________的辩证关系要求我们,想问题办事情要坚持两点论与重点论的统一,既要全面分析,又要善于抓住重点和主流。

11.内因是事物变化发展的__________,事物的变化发展主要是由内因引起的。

12.外因是事物变化发展的__________,但外因必须通过内因才能起作用。

二、选择题

1."有无相生,难易相成"这句话体现了(　　)。

A.矛盾的普遍性　　B.矛盾的特殊性　　C.矛盾的同一性　　D.矛盾的斗争性

2.矛盾的两个基本属性是(　　)。

A.普遍性和特殊性　　B.同一性和斗争性　　C.客观性和主观性　　D.绝对性和相对性

3.主要矛盾和次要矛盾的关系是(　　)。

A.相互依存、相互影响　　B.相互排斥、相互对立

C.在一定条件下可以相互转化　　D.以上都是

4.主要矛盾是指(　　)。

A.处于支配地位、对事物发展起决定作用的矛盾

B.处于从属地位、对事物发展不起决定作用的矛盾

C.矛盾的主要方面

D.矛盾的次要方面

5.在实际工作中,我们要坚持“重点论”,就是要(　　)。

A.抓住主要矛盾　　B.抓住矛盾的主要方面

C.抓住事物的本质　　D.抓住事物的主流

6.“先让一步,后发制人”是指在双方斗争中先让一步,待对手暴露出弱点,自己处于有利的主动地位,一举反击压倒对方。历史上的楚汉成皋之战、袁曹官渡之战、秦晋淝水之战等著名的战争,都是双方强弱不同,弱者先让一步,后发制人而取胜的。“先让一步,后发制人”蕴含的哲理是(　　)。

A.矛盾双方相互斗争,由此推动事物的变化和发展

B.矛盾的同一性是主要的,斗争性是次要的

C.矛盾双方相互贯通,在一定条件下可以相互转化

D.矛盾的斗争性是相对的,同一性是绝对的

7.古诗词通常蕴含着丰富的哲理。下列俗语或古诗词中,与“道经坦途常遇覆,慎迈危辙则常安”蕴含相同哲理的是(　　)。

①有无相生,难易相成

②却是平流无石处,时时闻说有沉沦

③投之亡地然后存,陷之死地然后生

④天下皆知美之为美,斯恶也

A.①②　　B.②③　　C.①④　　D.③④

8.随着我国第一代新能源汽车电池寿命逐步到期,锂电池“退役潮”正在来临。退役后的电池如果不能妥善处理,“新能源”可能变成“新污染”。这是因为(　　)。

A.矛盾具有普遍性　　B.矛盾具有特殊性

C.矛盾双方在一定条件下相互转化　　D.矛盾的普遍性与特殊性相互联结

9.习近平总书记指出,中国式现代化既有各国现代化的共同特征,更有基于自己国情的中国特色。中国式现代化摒弃了西方以资本为中心的现代化、两极分化的现代化、物质主义膨胀的现代化、对外扩张掠夺的现代化老路,是对西方现代化理论的超越,为人类实现现代化提供了新选择。由此可见,中国式现代化(　　)。

①既要集中力量解决主要矛盾,又不能忽视次要矛盾

②内部的特殊矛盾是区别其他现代化的特殊本质

③要坚持从矛盾的普遍性中认识矛盾的特殊性

④为创造人类文明新形态作出了中国贡献

A.①②　　B.①③　　C.②④　　D.③④

10.对艺术家而言,不管是写字,还是雕塑、绘画、摄影,如果诚心诚意去创作,到最后就是一张自画像。大家会说,这就是某某人的作品。因为他(她)的作品,最后总会打上自己的烙印。可见(　　)。

A.艺术风格不受创作者的世界观、个人情感等因素影响

B.艺术作品在本质上是艺术家主观世界的直接映象

C.矛盾具有特殊性,艺术家的作品往往有自己的风格

D.艺术的形式是主观的,但内容都来源于客观世界

11.近年来,某县抓住乡村振兴的契机,发挥山林生态优势和近城优势,实施环山五村联动发展,根据各自优势差异发展,分别打造云中村寨、客家桃源、淘宝客都、开心田园和十里花廊名片,推动乡村振兴,促进城乡融合。其中蕴含的哲理有(　　)。

A.事物变化发展是内因作用的结果

B.坚持具体问题具体分析,实施差异发展

C.矛盾普遍性是关于矛盾问题的精髓

D.既善于抓住主要矛盾,又坚持统筹发展

12.家门口就是生活圈,家周边就是幸福圈。《全面推进城市一刻钟便民生活圈建设三年行动计划(2023—2025)》对全面推进城市一刻钟便民生活圈建设作出相关部署,按照“试点带动、典型引路、全面推开”的路径,“问需于民、问计于民”“因城施策、一圈一策”的原则,不断提高服务便利化、标准化、智慧化、品质化水平。推进一刻钟便民生活圈建设需要(　　)。

①结合城市人口分布、消费习惯等因地制宜,正确把握矛盾普遍性与特殊性

②把居民的“需求清单”转化为政府的“项目清单”,坚持整体和部分的有机统一

③引导多业态集聚逐步形成商居和谐的社区商圈,实现渐进性与飞跃性的统一

④完善社区商圈市场秩序,“圈”出美好家园,把握好前进性与曲折性的发展状态

A.①②　　B.①③　　C.②④　　D.③④

13.“治未病”的思想源自《黄帝内经》,是中医学的重要特色和精髓之一,其主要内容包括:未病养生防病于先、欲病施治防微杜渐、已病早治防止传变、瘥(病愈)后调摄(调养)防其复发。这一思想给我们的哲学启示是(　　)。

A.完善客观规律,尽力而为　　B.重视事物质变,防患未然

C.发挥主观能动性,未雨绸缪　　D.抓住主要矛盾,居安思危

14.事物的性质主要是由(　　)决定的。

A.主要矛盾的主要方面　　B.主要矛盾

C.主要方面　　D.次要矛盾

15.“一个篱笆三根桩,一个好汉三个帮”“荷花好看也要绿叶扶持”。其哲理是(　　)。

A.看问题首先要看到矛盾的主要方面

B.抓主要矛盾和抓次要矛盾同样重要

C.要抓住重点,集中力量解决主要矛盾

D.抓主要矛盾的同时,也要处理好次要矛盾

16.金融是国民经济的血脉。近年来,我国经济金融风险隐患仍然较多,金融服务实体经济的质效不高,金融乱象和腐败问题屡禁不止,金融监管和治理能力薄弱。为此,2023年10月召开的中央金融工作会议强调,金融系统要“下决心从根本上解决这些问题”。此次中央金融工作会议(　　)。

①立足关键部分,抓住了主要矛盾

②能从根本上变革我国金融服务体系
③坚持了一切从实际出发,实事求是
④坚持问题导向,有利于金融业高质量发展
A.①② B.①③ C.②④ D.③④

17.(多选)下列关于主要矛盾和次要矛盾的关系,说法正确的是( )。
A.相互依存、相互影响
B.一定条件下可以相互转化
C.主要矛盾决定事物的发展方向
D.次要矛盾对主要矛盾也有影响

18.(多选)下列关于矛盾的主要方面和次要方面的关系,说法正确的是( )。
A.相互依存、相互影响 B.在一定条件下可以相互转化
C.矛盾的主要方面决定事物的性质 D.矛盾的次要方面也会影响事物的性质

19.(多选)坚持两点论和重点论相统一的方法,要求我们( )。
A.既要看到主要矛盾,又要看到次要矛盾
B.既要看到矛盾的主要方面,又要看到矛盾的次要方面
C.要着重把握主要矛盾和矛盾的主要方面
D.要反对形而上学的一点论和均衡论

20.(多选)现实生活中经常会发现这样的现象:为了完成某项工作,不得不先解决看起来并不直接相关的问题。例如,要促进作物的生长,先要铲除作物周围的杂草;在象棋博弈中,为了吃掉对方的主帅,先要吃掉对方的卒;等等。这主要是因为( )。
A.创造必要的条件有利于主要矛盾的解决
B.想问题、办事情往往要集中力量解决次要矛盾
C.次要矛盾解决好了,有利于主要矛盾的解决
D.矛盾的主要方面处于支配地位,对事物的发展起决定作用

三、判断题

1.矛盾就是对立统一。( )
2.矛盾的普遍性和特殊性是相互联结的。( )
3.主要矛盾和次要矛盾在一定条件下可以相互转化。( )
4.矛盾的主要方面决定事物的性质。( )
5.坚持两点论就是要看到矛盾的两个方面,坚持重点论就是要抓住主要矛盾。( )
6.矛盾的特殊性寓于普遍性之中。( )
7.我们在认识事物时,要坚持具体问题具体分析。( )
8.矛盾是对立统一的,具有同一性和斗争性。( )
9.事物的性质主要是由主要矛盾的主要方面决定的。( )
10.在实际工作中,我们要学会“弹钢琴”,既要抓住重点,又要兼顾一般。( )

四、简答题

1.简述矛盾的普遍性和特殊性的辩证关系。

2.如何理解主要矛盾和次要矛盾的关系？在实际工作中应如何正确处理这一关系？

3.怎样理解矛盾的主要方面和次要方面的关系？在实际生活中应如何正确看待这一关系？

五、材料分析题

1.阅读下列材料，并按要求作答。

每个人都有优点和缺点。面对缺点，余光中先生在《写给未来的你》一诗中写道：孩子，还有一件事，虽然做起来很难，但相当重要，这就是要有勇气正视自己的缺点。你会一年年地长大，会渐渐遇到比你强、比你优秀的人，会发现自己身上有许多你所厌恶的缺点。这会使你沮丧和自卑。但你一定要正视它，不要躲避，要一点点地加以改正。战胜自己比征服他人还要艰巨和有意义。不管世界潮流如何变化，但人的优秀品质却是永恒的：正直、勇敢、独立。我希望你是一个优秀的人。

请运用矛盾的观点分析《写给未来的你》这首诗，并谈谈该诗对我们个人成长的启示。

2.阅读下列材料，并按要求作答。

对于中职学生是否应该使用手机，甲、乙两位同学有如下辩论。

甲同学：手机可以方便我们和家长联系、和同学交流，用手机上网还可以及时了解国内外大事，帮助我们拓宽视野，所以应该允许使用。

乙同学：使用手机会使我们将很多时间浪费在和同学、好友联系及玩游戏上，有的同学甚至利用手机作弊，用手机上网还有可能浏览到不良信息等，影响健康成长，所以应该禁止使用。

请运用矛盾的观点，谈谈你对中职学生使用手机的看法。

3.阅读下列材料,并按要求作答。

党的二十大报告明确概括了中国式现代化五个方面的中国特色:中国式现代化是人口规模巨大的现代化;中国式现代化是全体人民共同富裕的现代化;中国式现代化是物质文明和精神文明相协调的现代化;中国式现代化是人与自然和谐共生的现代化;中国式现代化是走和平发展道路的现代化。

中国式现代化的探索和实践有力地证明了一个道理,那就是世界上不存在放之四海皆准的现代化标准。中国式现代化道路是中国建设社会主义现代化强国的必由之路、正确之路,这条道路不仅走得对、走得通,也一定能够走得稳、走得好。

请结合上述材料,从具体问题具体分析的角度,谈谈你对中国式现代化"这条道路不仅走得对、走得通,也一定能够走得稳、走得好"这句话的理解。

第三单元 实践出真知 创新增才干

单元整体解读

“纸上得来终觉浅,绝知此事要躬行。”认识的获得离不开实践,人类是在实践中认识和把握世界的。人类的认识从何而来?实践在认识过程中的地位和作用如何?怎样在实践中提高创新能力?探讨和回答这些问题,有助于我们在实践中不断提高认识水平,增长才干,提升创新创造能力。

通过对本单元的学习,我们将理解实践与认识的辩证关系,坚持实践第一的观点,倡导理论联系实际,做到知行合一,在实践中不断提高认识水平、增长才干;领悟透过现象看本质的重要性,学会识别假象,明辨是非,在揭示事物本质的过程中不断提高认识事物的能力,提升人生境界。我们将理解创新的重要性,学会立足实践进行创新活动,在创新实践中增长才干。

单元目标聚焦

知识目标

(1)了解实践的内涵,理解认识过程中的两次飞跃。

(2)了解现象与本质的辩证关系,理解真相与假象的区别和联系,理解真理与谬误的概念。

(3)了解创新意识、创新思维,理解马克思主义创新观。

能力目标

(1)掌握实践与认识的辩证关系和辩证运动过程,确立实践第一的观点。

(2)掌握透过现象看本质的方法,能够运用该方法正确观察和分析社会现象,在学习和生活中能够明辨是非、区分善恶,抵制不良诱惑,遵纪守法。

(3)掌握提升科学思维的正确方法,在实践中不断提高创新思维能力,正确认识自我,学会有效学习,提高适应社会、应对挫折的能力。

素养目标

(1)坚持理论联系实际,坚持知行合一,理解和认同中国特色社会主义理论的发展,增强积极投身中国特色社会主义建设的自觉性。

(2)树立正确的职业理想,增强勇担社会责任、积极参与公共事务的意识和能力。

第7课 实践出真知

知识梳理

一、人的认识从何而来

1.实践是认识的基础

(1)实践是认识的来源。

(2)实践是认识发展的动力。

(3)实践是检验真理的唯一标准。

(4)实践是认识的目的。

2.实践与认识的辩证运动

(1)实践决定认识,认识对实践具有反作用。

(2)从实践到认识,是认识过程的第一次飞跃。

(3)从认识到实践,是认识过程的第二次飞跃。

(4)实践与认识的辩证运动,是一个循环往复、不断深化的上升过程。

二、坚持实践第一的观点

1.理论联系实际

(1)实践与认识的辩证关系要求我们坚持理论联系实际。

(2)理论联系实际,要学懂弄通理论,掌握思想真谛,避免脱离理论的经验主义。

(3)理论联系实际,要深入调查研究,了解实际状况,避免脱离实际的教条主义。

2.知行合一

(1)实践与认识的辩证关系要求我们做到知行合一。

(2)我们要广泛吸收书本知识。只有认真读书,把道理真正弄懂了,行动才能自觉持久。

(3)我们不能做坐而论道的清谈客,要做起而行之的行动者。

(4)知行合一要求我们在学习和工作中,坚持做中学、学中做,学以致用、用以促学、学用相长,做到以知促行、以行促知。

生活感悟

从一名中职学生到硕士研究生，再到大学老师，并获得全国导游大赛冠军，“90后”女孩邢琦娜是怎样做到的？

邢琦娜在济南某职业学校学习导游服务专业期间，除了在学校里学习导游基本理论，还以见习导游的身份到景区接待游客，在活学活用中加深了对导游服务专业理论的理解。为了了解济南这座城市，她骑着电动车走遍了老城区的街道，观察济南的地下水位，听老济南人讲过去的故事。经过扎实的调查研究，她手绘了老城区的地形图，掌握了每一处泉水的喷涌方式及景区典故、相关历史名人，逐渐形成自己独有的导游讲解内容体系和风格。2017年，邢琦娜考上了硕士研究生，接触到先进的旅游实验室和前沿的科研课题。同时，她坚持做导游、文旅推介官和旅游博主。这种理论加实践的学习方式练就了邢琦娜扎实的基本功。

2020年，凭借丰富的实践经验和扎实的理论基础，邢琦娜进入山东某高校，成为一名大学教师。在授课过程中，她十分重视理论与实践的结合，在课堂上讲完理论知识，还把学生带到景区、企业进行线路设计和方案策划，提升学生的专业技能，并且在学校成立旅游志愿者服务队，和学生一起用所学知识为家乡的发展添砖加瓦。

【思考】

请结合邢琦娜的成长经历，谈谈如何做到理论联系实际及知行合一。

习题演练

一、填空题

1.实践是认识的__________；实践是认识发展的__________；实践是检验真理的__________；实践是认识的__________。

2.人的认识是在__________的基础上产生和发展的。

3.认识不能检验自身是否符合__________，客观事物自身也不能回答__________是否正确反映了它，而实践具有把__________和__________联系起来的特性，能够检验主观认识是否符合客观事物，从而检验认识是否具有真理性。

4.实践__________认识，认识对实践具有__________。

5.人们认识事物的过程，是一个从__________到__________，再从__________到__________的无限发展的过程。

6.从__________到__________，是认识过程的第一次飞跃。从__________到__________，是认识过程的第二次飞跃。

7.实践与认识的辩证运动，是一个__________、__________的__________过程。

8.实践与认识的辩证关系要求我们坚持__________。

9.实践与认识的辩证关系要求我们做到__________。我们既要主动学习各种知识，又要将学到的知识__________。

10.理论联系实际，要学懂弄通理论、掌握思想真谛，避免脱离理论的__________主义。

11.理论联系实际，要深入调查研究、了解实际情况，避免脱离实际的__________主义。

12.我们不能做坐而论道的清谈客，而要做起而行之的__________。

二、选择题

1.中国的探月过程有着严密的工作设计，“绕”“落”“回”是中国探月工程在2020年前设定的三大目标，由此划分为三个阶段，并分步实施。这表明（　　）。

A.实践活动是一种直接现实性的活动

B.实践是人们改造客观世界的一切活动

C.实践活动具有主观性的

D.实践是人有目的、有意识的活动

2.小明认为，科学理论可以作为检验真理的标准。此观点是（　　）。

A.正确的，因为科学理论是正确的认识

B.正确的，因为科学理论反映了客观规律

C.错误的，否定了客观事物是检验真理的标准

D.错误的，否定了实践是检验真理的唯一标准

3.“按图索骥”的典故启示我们要（　　）。

A.充分发挥理论的指导作用

B.反对夸大经验的经验主义

C.坚持实际与理论相符合

D.反对脱离实际的教条主义

4.毕加索是20世纪的艺术大师。一次，毕加索画公牛时，他画的第一幅公牛十分写实，结构严谨而逼真。但他并不满足，又相继画了十次。从第一幅到第十一幅，形体逐渐概括，线条逐步简练，到最后一幅只剩下寥寥几根线条。但这些简单的线条，却精练地表现了公牛的形与神，看到这幅画的人依然可以轻易地看出这是一头公牛。以上事例说明（　　）。

A.客观事物的存在依赖人对它的认识

B.艺术品可以通过人的意识创作出来

C.事物的本质可以为人的感官所感知

D.意识活动是一个主动的创造性过程

5.中国科学院福建物质结构研究所发布的最新研究论文显示，他们可以利用潜艇在水下快速前进时尾流产生的空气泡来搜寻和捕捉潜艇。未来需要更多精确的研究，使这一方案能在实际运用中发挥更大的作用。上述材料体现的哲理是（　　）。

A.感性认识是理性认识的前提基础

B.理性认识比感性认识更可靠、重要

C.人的认识在实践中逐步得到提升

D.认识决定实践

6.2022年11月20日，世界杯足球赛在卡塔尔拉开帷幕。在开幕式上，本届世界杯吉祥物拉伊卜吸引了世界的目光。这是一条会飞的充满动感的头巾，灵感源于阿拉伯人标志性的头巾，既美观又具有中东特色。拉伊卜的设计（　　）。

A.做到了客观形式与主观内容的历史的统一

B.注重了实践的重要性，在实践中推动认识发展

C.印证了不同性质的意识对人们作用的结果不同

D.受客观因素的影响，与人的主观认知无关

7.近日，由中国科学院国家天文台韩金林研究员领导的“王绥琯巡天突击队”，利用中国天眼FAST“银道面脉冲星快照（GPPS）”系统，新发现了76颗偶发脉冲星，包括目前人类已知脉冲星中最暗弱的一批天体，国际上称为“旋转射电暂现源（RRAT）”。该科研团队表示，这个发现对于理解银河系中恒星死亡后的致密残骸及其辐射特征具有重要意义。这表明（　　）。

①实践具有社会历史性

②实践是检验认识真理性的唯一标准

③实践是认识发展的动力

④实践是认识的目的

A.①③　　B.①④　　C.②④　　D.②③

8.法国著名昆虫学家法布尔耗费一生的时间去观察、记录和研究昆虫的家族、特征与习性，日复一日耐心地做着实验。他根据观察得来的大量的第一手资料，将昆虫鲜为人知的生活习性生动地揭示出来，写成了《昆虫记》这部巨著。我们从中可以感悟到（　　）。

A.感性认识和理性认识相互渗透、相互包含、相互影响

B.感性认识是对事物内部联系的认识，需要深化为理性认识

C.获得大量的感性材料是实现由感性认识到理性认识的前提

D.感性认识依赖于理性认识,细致的观察奠定了法布尔的成功

9.从临床角度来看,脑科学的需求非常刚性,如患孤独症的小孩、患神经系统退行性疾病的老人,如果能通过研究治疗过上正常人的生活就是极大的进步,这是脑科学家积极研究的动因和目的。这表明(　　)。

A.感性认识是理性认识的来源　　B.实践是认识发展的动力

C.实践是获得认识的唯一途径　　D.实践是检验认识真理性的唯一标准

10.胃既是食物暂存之所,又是重要的消化器官。不少人尝试用食物“养胃”,其中不乏一些错误的方法,这些方法不仅不能保护胃,反而可能加重胃部疾患。民间流言称:“喝粥易消化,所以能养胃。”营养学家经过长期研究发现,长期喝粥不仅会削弱消化功能,还可能会加重某些胃病。由此能够获得的认识有(　　)。

①亲身参与实践获得的知识才是可靠的知识

②间接经验同直接经验相结合能够深化认识

③只有通过实践才能验证认识的客观真理性

④科学实验是推动认识深化发展的强大动力

A.①②　　B.①③　　C.②④　　D.③④

11.2023年8月13日,我国成功发射陆地探测四号01星,完成了卫星入轨初期飞控实验主要工作,卫星工况正常,状态良好。该遥感科研卫星可服务防灾减灾及地震监测、国土资源及海洋、气象等各行业应用需求。此次卫星的成功发射表明(　　)。

A.意识活动具有目的性、自觉选择性、能动创造性特点

B.科学实验作为最基本的实践活动,具有社会性

C.实践活动的过程是物质相互作用的过程,具有主观性

D.实践是检验真理的唯一标准

12.太空出舱是航天员在太空活动的必备“技能”,重达100多千克的舱外服,就是航天员出舱的“铠甲”。针对出舱需求,我国航天团队研发的第二代“飞天”舱外服改变了结构设计,提高了服装使用寿命和性能,可以最大限度地保障航天员的生命安全,助力其顺利完成出舱任务。据此可以推出(　　)。

A.舱外航天服的研发活动及结果不属于实践

B.太空出舱属于人类变革社会的实践活动

C.航天团队的研发升级体现实践是认识发展的动力

D.航天员在太空中的出舱活动受其主观因素制约

13.从载人航天、北斗织网到“嫦娥四号”探测器在月球背面软着陆,中国航天步伐稳健,不断延伸中国人问天的“诗和远方”。月球探测的每一个大胆设想,每一次成功实施都是人类认识和利用星球能力的充分展示。该论断肯定了(　　)。

①设想的提出是意识活动主动创造性的体现

②人类能认识事物本质和能动改造世界

③大胆设想是主观见之于客观的活动

④设想的内容和形式来源于人类的想象力

A.②③　　B.③④　　C.①④　　D.①②

14.马克思认为,人的思维是否具有客观的真理性,这并不是一个理论的问题,而是一个实践的问题。这一论断表明(　　)。

A.认识是实践的基础

B.真理对实践有指导作用

C.实践是检验认识的真理性的唯一标准

D.认识与实践具有同样的作用和力量

15.战争实践是影响军事战略形成和发展的最为重要的条件。中国历史上谋求中华民族统一、农民起义、抗击外敌入侵等战争,次数频繁、规模巨大,斗争激烈、形式多样。中国古代兵家将这些经验教训上升到理论高度,形成了具有独特优势的中国传统战略思想。中国传统战略思想的形成表明(　　)。

①实践是获得认识的重要途径,认识产生于实践的需要

②认识对实践具有反作用,正确的认识促进实践的发展

③实践具有直接现实性,能把观念的存在变为现实的存在

④感性认识是认识的初级阶段,有待于发展为理性认识

A.①②　　B.①④　　C.②③　　D.③④

16.“不入虎穴,焉得虎子”体现的哲理是(　　)。

A.实践是认识的来源　　B.认识对实践有指导作用

C.实践是认识发展的动力　　D.实践是检验真理的唯一标准

17.(多选)实践对认识的决定作用表现在(　　)。

A.实践是认识的来源　　B.实践是认识发展的动力

C.实践是认识的目的　　D.实践是检验认识真理性的唯一标准

18.(多选)我国分子生物学家袁钧瑛说过:“人类研究细胞的死亡是为了人类更健康。”她研究的细胞死亡机理为肌萎缩性侧索硬化症、阿尔茨海默病、青光眼等人类疾病带来新药,为病人带来福音。上述材料主要强调了(　　)。

A.实践具有客观物质性　　B.实践具有主观能动性

C.实践具有社会历史性　　D.实践具有直接现实性

19.(多选)从马克思的“人应该在实践中证明自己思维的真理性”到恩格斯深入了解工人真实的生活状况而写出的《英国工人阶级状况》,从毛泽东的“没有调查,没有发言权”到习近平的“调查研究是谋事之基、成事之道”,下列表述与其主旨相符的是(　　)。

A.理论一经群众掌握,也会变成物质力量

B.既要“身入”基层,更要“心到”基层

C.一个民族要走在时代前列,就一刻不能没有理论思维

D.一个不了解社会现状的人,更不会了解力求推翻这个社会的运动

20.(多选)参加社会实践活动对中职学生的意义有(　　)。

A.加深对专业知识的理解　　B.提高实践能力

C.增强社会责任感　　D.促进个人成长

三、判断题

1.认识来源于实践,所以书本知识不重要。(　　)

2.实践是认识的唯一来源。(　　)

3.实践是检验认识真理性的重要标准之一。(　　)

4.实践是认识的目的。(　　)

5.认识世界的目的是改造世界。(　　)

6.认识决定实践,认识对实践具有反作用。(　　)

7.实践和认识是相互独立的两个过程。(　　)

8.随着实践的发展,认识也会不断发展。(　　)

9.实践与认识的辩证关系要求我们坚持理论联系实际。(　　)

10.“以行而求知,因知以进行”,这一观点强调知行合一。(　　)

四、简答题

1.为什么说“实践是检验真理的唯一标准”?

2.简述认识过程中的两次飞跃。

3.作为中职学生应如何做到“知行合一”？

五、材料分析题

1.阅读下列材料，并按要求作答。

以袁隆平为代表的我国杂交水稻研发团队长期不懈奋斗，不断挖掘水稻高产潜力，取得了举世瞩目的成就。

几十年来，该研发团队奔走在试验田和实验室之间，解决了杂交水稻育种的一系列关键性难题。1973 年，实现了不育系、保持系和恢复系的“三系”配套育种；1989 年，两系法杂交水稻育种获得成功；1997 年，开启了第三代超级杂交稻育种研究，兼顾了三系法和两系法育种的优点；2017 年，创造了平均亩产 1149.02 千克的世界水稻单产的最高纪录。为助力国家水稻产业升级，满足人们对高品质水稻的需求，该研发团队进一步确立了培育“量质齐升”稻种的攻关目标并取得了新的突破，培育的适宜盐碱地种植的“海水”试验品种已经适应了 5% 盐度的海水灌溉。

请运用实践与认识的辩证运动原理，说明我国杂交水稻研发为什么能够取得举世目的成就。

2.阅读下列材料，并按要求作答。

某职业学校结合专业特点，服务脱贫攻坚、乡村振兴国家战略，实施了“电商助农，助力精准扶贫”的实践项目。该校联合校企合作企业,带领电子商务、物流服务与管理、会计事务等专业学生,发挥专业特长,为革命老区、贫困地区农产品外销、人才返乡创业等,提供项目对接、产品销售、政策咨询、技术指导、专项培训等一站式全免费、全志愿的创业服务。为了做好服务,该校师生在原有专业理论知识的基础上,抓紧课后时间主动学习了有关销售、创业的软硬件知识;在培训帮扶的过程中,该校师生加深对专业理论的理解,同时通过项目实践,将所学付诸实践。

请结合上述材料,谈谈该校师生是如何做到“知行合一”的。

3.阅读下列材料,并按要求作答。

某职业学校数控技术应用专业二年级学生,在经过了几门专业理论课学习后,进入学校实训工厂进行为期一周的校内实训。小王和小李被安排操作同一台数控机床。每次遇到操作中的问题,两人的解决方式大相径庭:小王不敢动手操作怕出错,总是翻看书本寻找答案,可是他发现书上的理论并不能直接解答他的操作问题;小李的解决方法是“不断试错”,有时候碰巧能解决问题,而大部分情况是错上加错。一周过去了,两个人的实训效果都不理想,老师对他们的评价是:都没做到理论联系实际,都没有掌握学习的“法宝”。

请运用理论联系实际的要求,谈谈老师对小王和小李的评价,并对他们提出改进建议。

第8课 在实践中提高认识能力

知识梳理

一、透过现象认识本质

1.现象与本质的辩证关系

(1)事物都有自己的现象和本质,是现象和本质的统一体。

(2)现象与本质是相互区别的。

(3)现象与本质又是相互依存的。

2.透过现象认识本质,提高认识能力

(1)认识事物不能只看表面现象,只有把握了事物的本质,才能真正认识事物。

(2)透过现象认识本质,需要掌握大量的现象。

(3)透过现象认识本质,需要充分发挥主观能动性。

二、明辨是非,追求真理

1.学会识别真象与假象

(1)现象表现本质具有复杂性和多样性。

(2)真象和假象都是事物本质的表现。

(3)我们需要学会理性分析、判断,识别真象与假象,把握本质,明辨是非,区分善恶;懂得自己应该做什么,不应该做什么,自觉抵制不良诱惑,遵纪守法,扬善抑恶。

2.在追求真理中提升人生境界

(1)真理是符合客观事物的认识,是对客观事物及其发展规律的正确反映。

(2)谬误是背离客观事物的认识,是对客观事物及其发展规律的歪曲反映。

(3)坚持和发展真理,必须同谬误作斗争。

(4)真理指引人类社会前行,照亮人生发展道路。

生活感悟

《吕氏春秋》中记载了这样一个故事:孔子周游列国,在陈国与蔡国之间受困缺粮,几天没吃到一口饭。他的弟子颜回讨了一些米给他煮饭吃。饭快熟时,孔子看见颜回抓起一把饭放入口中,孔子装作没看见。到吃饭时,孔子站起来说:“我想用这些饭先祭奠先祖。”颜回立即阻止道:“这饭刚才掉进煤灰,不干净了,因为丢掉可惜,所以我把有煤灰的那点吃了。”孔子由此发出感慨:“人应该相信自己的眼睛,但即便是亲眼看到的也不一定真实可信。了解一个人是多么不容易呀!”

【思考】

孔子发出的“亲眼看到的也不一定真实可信”的感慨对我们认识事物有何启示?

习题演练

一、填空题

1.现象是事物的外部联系和____________特征,是个别的、易变的东西,是事物本质的____________表现。

2.本质是事物的____________性质,是同类现象中一般的、相对稳定的东西,是事物各要素之间的____________联系。

3.事物都有自己的现象和本质,是现象和本质的____________体。现象与本质既相互____________,又相互____________。

4.认识事物不能只看表面现象,只有把握了事物的____________,才能真正认识事物。而本质深藏于事物____________,必须透过现象认识本质。

5.透过现象认识本质,需要掌握大量的____________。

6.透过现象认识本质,需要充分发挥____________,运用科学的____________,对大量现象以及现象之间的关联进行科学的分析和研究,做到"去粗取精、____________、由此及彼、____________"。

7.现象表现本质具有____________性和____________性。

8.真象是以正面的形式表现本质,假象是以__________的、__________的形式表现本质。

9.真理是__________客观事物的认识,是对客观事物及其发展规律的__________反映。

10.谬误是__________客观事物的认识,是对客观事物及其发展规律的__________反映。

11.坚持和发展真理,必须同____________作斗争。

12.我们要不畏艰险,勇往直前,在实践中不断认识和发展____________,做真理的____________、____________、____________。

二、选择题

1.现象是指(　　)。

A.事物的外部结构　　B.事物的内部联系

C.事物的外部联系和表面特征　　D.事物的内在联系的总和

2.本质是(　　)。

A.事物的根本性质和事物各要素之间的内在联系

B.千变万化的

C.易逝的

D.组成事物的各个基本要素的内在联系

3."假象同真象一样具有客观性",这是(　　)。

A.折衷主义的观点　　B.唯物辩证法的观点

C.唯心主义的观点　　D.形而上学的观点

4.本质和现象的统一,说明(　　)。

A.科学研究的必要性　　B.科学研究的可能性

C.认识了现象就等于认识了本质　　D.没有必要透过现象认识本质

5.下列关于事物现象与本质的区别,正确说法是(　　)。

A.现象是事物的个别和片面,本质是事物的整体和全面

B.现象多变,本质不变

C.现象可以认识,本质不可以认识

D.现象是事物的表面特征,本质是事物的根本属性

6.人们常说"内行看门道,外行看热闹",这里的"门道"与"热闹",从哲学上分别指(　　)。

A."现象"和"本质"　　B."本质"和"现象"

C."客观"和"主观"　　D."主观"和"客观"

7.下列关于现象与本质的说法正确的有(　　)。

①善于观察事物现象就能发现事物本质

②本质深藏于事物内部,必须充分发挥主观能动性

③并非所有的现象都表现本质

④透过现象认识本质要运用科学思维方法

A.①②　　B.①③　　C.②④　　D.③④

8."去粗取精、去伪存真、由此及彼、由表及里",这句话说明(　　)。

A.只有发挥主观能动性,才能认识事物的本质

B.只有发挥主观能动性,才能认识事物的现象

C.只有发挥主观能动性,认识运动才会终结

D.事物的假象是很容易被揭穿的

9.认识事物的基本方法是(　　)。

A.必须认识现象　　B.抛开事物的现象

C.透过现象看本质　　D.注重认识假象

10.下列事例或说法体现现象表现本质具有复杂性和多样性的是(　　)。

①医生给同一症状的病人看病却开出不同药方

②苹果落地、水往低处流都是万有引力的表现

③耳听为虚,眼见为实

④师傅领进门,修行在个人

A.①②　　B.③④　　C.①③　　D.②④

11.一根直的木棍,半截插入透明的水杯中,看上去就像是弯曲的。达尔文说过,大自然一有机会就要说谎。这启示我们(　　)。

A.大自然中有些事物的现象不能体现本质

B.真象与假象不都是事物本质的表现

C.事物现象有真理和谬误之分,要注意辨别

D.事物的现象具有复杂性和多样性,要注意识别

12.真理就是(　　)。

A.人们对于客观事物及其规律的反映　　B.客观事物的本质及其规律

C.对人们有用的东西　　D.人们对事物及其发展规律的正确认识

13.关于真理和谬误,下列说法正确的是(　　)。

A.真理是客观的,谬误是主观的

B.真理和谬误都是无条件的

C.真理是对客观事物的正确反映,谬误是对客观事物的歪曲反映

D.真理反映了本质,谬误反映了现象

14.下列说法中错误的是(　　)。

A.认识现象只是认识的入门先导

B.要把握事物本质,就不能只进行听、看等浮于表面的观察

C.追求真理有利于提升人生境界

D.虽然世间万物复杂多变,但是本质总是显而易见的

15.人们常说“万变不离其宗”,意思是现象变化多端,但在这些现象中存在一个共同的东西。这说明(　　)。

①不同现象可以表现同样的本质

②现象是易变的,而本质相对稳定

③不同现象表现了不同的本质

④不同的本质表现为不同的现象

A.①②　　B.①③　　C.②④　　D.③④

16.“我看到了苹果落地,为什么没有看到引力呢?”这句话蕴含的哲理是(　　)。

A.认识事物的现象与认识事物的本质毫无关系

B.现象不一定都表现本质

C.现象和本质是有区别的,认识了现象不等于认识了本质

D.现象是可以认识的,本质是无法认识的

17.(多选)现象与本质的关系是(　　)。

A.相互对立　　B.相互区别　　C.相互依存　　D.相互背离

18.(多选)现象表现本质具有多样性和复杂性,这意味着(　　)。

A.不同的现象可能是同一本质的表现　　B.本质是由现象决定的

C.现象有真象与假象之分　　D.本质具有多样性

19.(多选)关于真理,下列说法正确的有(　　)。

A.真理正确地反映了客观事物的发展规律

B.真理可以促进个人的人生发展

C.真理能指引人类社会前行

D.在追求真理的过程中,需要不断地摒弃谬误

20.(多选)在社会生活中,是非善恶并没有黑白分明的标签。作为中职学生,我们需要(　　)。

A.学会理性分析、判断,识别真象与假象　　B.透过现象认识本质
C.明辨是非,区分善恶　　D.自觉抵制不良诱惑

三、判断题

1.现象是本质的表现,本质存在于现象之中。(　　)
2.在认识事物时,要学会识别假象,透过表面现象把握其本质。(　　)
3.本质是表面的、多变的,而现象是普遍的、相对稳定的。(　　)
4.现象有真象和假象,认识了现象不等于认识了事物的本质。(　　)
5.明辨是非,就是要辨别事理的对错,分清真象和假象,把握本质。(　　)
6.真理是对客观事物及其发展规律的正确反映。(　　)
7.本质是事物的内部联系,是很难直接认识到的。(　　)
8.真象和假象都可能以歪曲的形式表现本质。(　　)
9.“一叶知秋”说明把握事物的本质不需要事先掌握大量的现象。(　　)
10.真理来源于实践,谬误是主观自生的。(　　)

四、简答题

1.简述现象和本质的关系。

2.如何透过现象认识本质?

3.真理和谬误的区别是什么?

五、材料分析题

1.阅读下列材料,并按要求作答。

某职业学校幼儿保育专业的小李,在实习期间被幼儿园评为金牌实习生,原因是小李特别善于观察,会针对孩子的真实需求开展工作。比如说,同样是孩子抢玩具引起的打架事件,小李会先经过观察和沟通,弄清孩子抢玩具到底是想占为己有还是渴望友谊的表现,然后对症疏导,效果非常好。小李说:"小孩的表现千差万别,其中还有一些假象。如果只凭表面现象就作出处理,不仅不能解决问题,反而会伤害到孩子。所以,处理事情时的辨识诊断工作很重要。"

从现象表现本质的复杂性和多样性角度,谈谈小李的做法对我们正确看待身边各种现象的启示。

2.阅读下列材料,并按要求作答。

疟疾是威胁人类生命的一大顽疾,困扰了人类几千年。20世纪60年代末,治疗疟疾的常用药物的药效已经减弱,疟疾的发病率再次升高。为了找到新型抗疟疾药物,中国政府启动了研制抗疟药的专项项目,中国中医研究院成立以屠呦呦为组长的科研组参加研究工作。在极为艰苦的条件下,屠呦呦小组与全国7个省市、30多个单位的科研人员协同合作,经过数百次试验、无数次失败,并从《肘后备急方》等传统中草药文献中获得灵感、汲取智慧,最终从青蒿中提取了疗效高的青蒿素,开创了治疗疟疾新方法,挽救了全球数百万人的生命。

请结合上述材料，运用追求真理的知识，谈谈我国科学家是如何研制成功青蒿素的。

3.阅读下列材料，并按要求作答。

布鲁诺是文艺复兴时期的意大利哲学家。他因信奉哥白尼的“日心说”、反对教会的腐朽制度而流亡在外，后被捕入狱，最终被处以火刑，在罗马广场就义。他一生在追求真理的道路上前行，大力宣扬科学和唯物主义思想，继承并发展了哥白尼的“日心说”，使哥白尼的这一学说传遍整个欧洲，推动了欧洲科学研究和社会的发展。布鲁诺去世后，后人将他誉为“真理战士”。

请结合上述材料，谈谈如何在追求真理的过程中提升人生境界。

第9课 创新增才干

知识梳理

一、创新是引领发展的第一动力

1.创新精神是中华民族最鲜明的禀赋

(1)创新是人类特有的认识能力和实践能力,是人的主观能动性的高级表现形式。

(2)中华民族是富有创新精神的民族。

(3)勇于创新的民族禀赋成就了辉煌灿烂的中华文明。

2.创新是新时代的迫切要求

(1)创新能力是当今国际竞争新优势的集中体现。

(2)创新使我国经济社会发展取得巨大成就。

(3)创新是我国赢得未来的必然要求。

二、积极投身创新实践

1.树立创新意识

(1)创新意识是创新主体创造新事物或提出新观念的动机或意愿,是人的主观能动性的表现,是人们进行创造活动的内在动力。

(2)坚定创新自信。

(3)增强问题意识。

(4)敢于突破常规。

2.增强创新本领

(1)夯实创新的知识基础。

(2)提高创新思维能力。

(3)投身创新实践。

生活感悟

在我国脱贫攻坚战取得全面胜利的过程中，一代青年勇于创新、敢于突破常规，用青春演绎着一个个精彩的扶贫故事，在脱贫攻坚的主战场作出贡献。

乡村青年小王搭乘“短视频+电商”的快车，开辟山区农产品销售新渠道，其团队一年推介销售农副产品400多万千克，产值超过几千万元，实现了和大山里的乡亲们“一起走上致富路”的理想。

青年学子小李投身高效晶硅太阳能材料的批量制造，致力于光伏扶贫。他使用公司自产太阳能电池板，帮助居民在自家屋顶建光伏电站，将太阳能资源转化为电能，通过售电款分红让千户居民成功脱贫。

海归青年小张辞掉北京的工作，返回“中国山楂之乡”创业。她组建山楂研发团队，用科技提升山楂的附加值，促进山楂产业转型升级；通过吸纳1400多户贫困户入股、建立扶贫工厂等，帮助当地农民增收。

【思考】

上述青年积极投身创新实践、在脱贫攻坚主战场作出贡献的事例，对我们树立创新意识、增强创新本领有什么启示？

习题演练

一、填空题

1.创新是人类特有的认识能力和实践能力，是人的____________的高级表现形式。

2.____________是富有创新精神的民族。

3.勇于创新的民族禀赋成就了辉煌灿烂的____________。

4.创新能力是当今国际竞争新优势的____________。

5.创新是我国赢得未来的____________。

6.我们必须把创新作为引领发展的____________，坚持创新在我国现代化建设全局中的____________地位。

7.创新意识是创新主体创造____________或提出新观念的动机或意愿，是人的____________的表现，是人们进行创造活动的____________。

8.坚定创新____________。我们每个人都可以立足专业和岗位实际，做勇于创新的实践者。

9.增强问题意识。问题是创新的____________，也是创新的____________。

10.夯实创新的____________基础。我们要认真学习____________知识和____________知识，为创新打好坚实基础。

11.提高创新____________能力。创新思维是综合运用多种思维方法的结果。要在学和生活实践中不断提高自己的创新思维能力。

12.投身创新____________。青年学生要以时不我待、只争朝夕的紧迫感，投身改革创新的伟大实践中。

二、选择题

1.创新的本质在于(　　)。

A.创造新事物　　B.改变旧事物

C.突破传统思维　　D.解决问题

2.中职学生培养创新能力可以从(　　)方面入手。

A.只专注于理论学习　　B.每天按部就班，不作改变

C.积极参加实践活动，勇于尝试新事物　　D.对新事物持怀疑和否定态度

3.下列关于创新与实践的关系说法正确的是(　　)。

A.创新与实践无关　　B.实践是创新的基础，创新推动实践发展

C.先有创新，后有实践　　D.实践一定会带来创新

4.创新思维的特点不包括(　　)。

A.开放性　　B.保守性　　C.灵活性　　D.独特性

5.在学习和生活中，我们要敢于质疑，这是因为质疑(　　)。

A.会让别人讨厌自己　　B.是不尊重他人的表现

C.可以激发创新思维　　D.没有任何好处

6.培养创新能力需要具备的品质是(　　)。

A.懒惰　　B.固执　　C.勇敢　　D.自私

7.创新对个人发展的重要意义在于(　　)。

A.可以让自己变得更富有

B.能够获得他人的赞扬

C.提升个人竞争力,实现自我价值

D.没有什么实际意义

8.一个没有创新能力的民族,难以屹立于世界民族之林。这句话强调了创新对(　　)的重要性。

A.个人　　B.企业　　C.国家　　D.社会

9.下列属于创新成果的是(　　)。

A.古老的传统习俗　　B.一成不变的生活方式

C.新发明的科技产品　　D.落后的生产工具

10.中职学生在创新过程中,应该(　　)。

A.盲目跟风　　B.完全模仿他人

C.结合自身实际,发挥优势　　D.害怕失败,不敢尝试

11.2023 年,超级杂交稻单季亩产 1200 千克超高产攻关测产验收会在四川德昌举行,最终测定 3 块田平均亩产 1251.5 千克,创造了杂交水稻单季亩产的世界新纪录。这表明(　　)。

A.创新推动社会生产力的发展　　B.创新推动生产关系的发展

C.创新推动人类思维的发展　　D.创新推动人类文化的发展

12.被誉为“杂交水稻之父”的袁隆平突破了经典遗传理论的禁区,提出水稻杂交的新理论,实现了水稻育种的新突破。自 20 世纪 70 年代中期至 2001 年,中国已累计种植杂交水稻 30 多亿亩,增产粮食 40 多亿吨,创造经济效益 4000 多亿元。上述事例说明(　　)。

A.科技创新极大地推动了社会生产力的发展

B.只要种植杂交水稻就能解决全世界的吃饭问题

C.中国通过推广杂交水稻实现了全面小康

D.科技的发展能解决人类面临的一切问题

13.一款新聊天工具 ChatGPT 火了,它可以聊天、写作、编程、翻译,甚至可以质疑和拒绝你的要求。有网友体验后认为它可以提高工作效率,未来可多加应用;也有网友指出它存在散播极端言论或虚假信息等风险,应限制使用。对此,下列说法正确的是(　　)。

①该语言模型因其较大的技术突破而成为人们交互交流使用的选择

②ChatGPT 带来的诸多科技伦理问题成为其发展中不可逾越的障碍

③新颖的想法在信息产业未来发展的真实性探索中将全部变成现实

④在 ChatGPT 未来发展中,既要注重其工具性,又要注重其价值性

A.①②　　B.①④　　C.②③　　D.③④

14.“守得住经典,当得了网红。”在今天这样一个“注意力经济”的时代,一些历史悠久的

老字号,也改变了过去固有的思维,在坚守自己传统价值的同时,利用各种互联网平台有效扩大自己的影响,经济效益也随之不断提高。上述材料中蕴含的哲理是(　　)。

A.创新推动了生产力的发展　　B.创新推动生产关系的变革

C.创新推动社会制度的变革　　D.辩证的否定是事物发展的动力

15.智能化时代的混合学习方式,一样关注师生创造力的激发,但又打破了传统课堂以教师讲授为中心的线性结构和僵化模式,借助不断完善的技术平台,采用非线性、超文本、多层次的学习网络,实现了学习效率提升。其中体现的哲理是(　　)。

A.辩证否定的实质是事物前进和上升　　B.创新推动生产关系的变革

C.技术创新是社会发展和变革的先导　　D.辩证的否定是事物联系、发展的环节

16.中国科研团队经过不懈努力,成功研发出直接电解海水制氢技术,不仅破解"绿色制氢"世纪难题,还为我国进一步探索清洁能源的使用提供了新技术新思路。据此,下列说法正确的是(　　)。

①海水制氢技术发展离不开科研人员正确发挥主观能动性

②科学技术的每一次进步都是通过创新实现的

③从对规律的正确认识出发可以破解制氢技术方面的难题

④理论基础上的实践创新是探索新技术新思路的重要途径

A.①②　　B.①④　　C.②③　　D.③④

17.(多选)创新能力包括(　　)。

A.观察力　　B.想象力　　C.思维能力　　D.实践能力

18.(多选)以下做法中,(　　)有助于培养创新思维。

A.多读书,拓宽知识面　　B.与不同的人交流,听取不同的意见

C.遇到问题时,总是用传统的方法解决　　D.敢于挑战权威,提出自己的观点

19.(多选)创新对社会发展的作用有(　　)。

A.推动科技进步　　B.促进经济增长

C.改善人们的生活质量　　D.导致社会混乱

20.(多选)中职学生可以从(　　)方面培养自己的创新能力。

A.在专业学习中勇于尝试新方法　　B.参加各种创新比赛

C.积极参与社会实践活动　　D.整天空想,不付诸行动

三、判断题

1.创新是民族进步的灵魂,是一个国家兴旺发达的不竭动力。(　　)

2."治世不一道,便国不必法古。"这句话说明治理国家要有创新精神,不能拘泥于古法旧制。(　　)

3.科技创新能力已经成为影响国家的国际地位的唯一因素。(　　)

4.创新一般只出现在科学技术领域。(　　)

5."没有否定,人类历史就会变成停滞不动的臭水坑。"这句话主要强调了质疑的重要性。(　　)

6.只要敢于跳出条条框框的思想束缚,抛弃书本知识,锐意进取,就能做到有效创新。(　　)
7.创新能力不是与生俱来的,它可以从后天的学习和训练中获得。(　　)
8.学会综合运用多种思维方法,就可以形成创新思维。(　　)

四、简答题

1.简述创新的重要性。

2.中职学生应该如何培养自己的创新能力?

3.如何提高创新能力?

五、材料分析题

1.阅读下列材料,并按要求作答。

党的二十大报告指出:“坚持创新在我国现代化建设全局中的核心地位……加快实施创新驱动发展战略。坚持面向世界科技前沿、面向经济主战场、面向国家重大需求、面向人民生命健康,加快实现高水平科技自立自强。”

请运用所学哲学原理,结合上述材料,说明新时代我国为什么更加高度重视创新。

2.阅读下列材料,并按要求作答。

某中职学校为了培养学生的创新意识,锻炼学生的创造能力,举办了“创新创意大赛”。商务英语专业的小敏同学不以为意,认为创新是科学家的事,她所学的专业不需要发明创造,所以这个活动对她没意义。

请结合所学知识,简要评价小敏的观点。

3.阅读下列材料，并按要求作答。

某中职学校轨道运营专业学生小雪，发现路上很多人出行所戴头盔体积大，携带不方便，于是她和同学尝试设计方便实用的可折叠头盔。大家设计出头盔样式后，采用3D打印技术，制作出头盔骨架，分三层进行折叠化处理；拆解蓝牙小音箱，把蓝牙和语音模块接入头盔；在头盔内装上棉质内衬，在头盔外部贴上反光条。就这样，这款成本不到20元的折叠头盔便制作完成了。这款折叠头盔不仅申请了国家专利，还吸引了一些企业前来洽谈合作。

请结合上述材料，运用哲学观点，谈谈中职学生如何树立创新意识，增强创新本领。

第四单元　坚持唯物史观　在奉献中实现人生价值

单元整体解读

社会历史现象扑朔迷离、纷繁复杂，认识社会、认识历史可以帮助我们更好地认识世界和认识自我。是社会存在决定社会意识，还是社会意识决定社会存在？历史是人民群众创造的，还是英雄人物创造的？探讨和回答上述问题，有助于我们树立唯物史观，理解自我价值和社会价值的关系，广泛践行社会主义核心价值观，在奉献社会中实现人生价值。

通过对本单元的学习，我们将理解物质生产活动在人类社会中的基础性作用，认识社会历史发展的规律，顺应时代潮流，将人生发展与社会进步紧密结合起来。我们将会懂得人民群众在历史发展中的地位和作用，懂得坚持以人民为中心的重要性，自觉树立为人民服务的意识，投身服务人民的伟大实践。我们将懂得价值观是人生的向导，人的价值是自我价值和社会价值的统一，人生价值贵在奉献，要立足岗位、诚实劳动，争做新时代的奋斗者和追梦人。

单元目标聚焦

知识目标

(1)了解社会存在与社会意识、生产力与生产关系、经济基础与上层建筑的辩证关系。

(2)了解人民群众的含义，理解人民群众在创造历史中的地位。

(3)了解个人与社会的辩证关系，以及个人在历史发展中的作用。

能力目标

(1)学会分析判断社会存在与社会意识，能够运用科学的社会意识指导社会存在。

(2)理解坚持以人民为中心的重要性。

(3)能够在实践中提升自己的劳动能力，在奉献社会中实现人生价值。

素养目标

(1)树立正确的劳动观和为人民服务的意识，投身服务人民的伟大实践。

(2)培育和践行社会主义核心价值观，在奉献社会中书写人生华章。

第10课 人类社会及其发展规律

知识梳理

一、人类社会的存在和发展

1.物质生产活动是人类社会存在和发展的基础

(1)物质生产活动是人类社会赖以存在和发展的基础。

(2)物质生产活动推动着人类社会的发展。

2.社会存在与社会意识的辩证关系

(1)社会生活由社会存在和社会意识两大部分构成。

(2)社会存在决定社会意识。

(3)社会意识具有相对独立性。

(4)社会意识对社会存在具有反作用。

二、社会基本矛盾及其运动规律

1.生产力与生产关系矛盾运动的规律

(1)人们在物质生产活动中会形成特定的生产方式,包括生产力和生产关系。

(2)生产力决定生产关系。

(3)生产关系对生产力具有反作用。

2.经济基础与上层建筑矛盾运动的规律

(1)经济基础是指由社会一定发展阶段的生产力所决定的生产关系的总和。

(2)上层建筑是指建立在一定经济基础之上的制度、设施及思想体系。

(3)经济基础对上层建筑起决定作用。

(4)上层建筑对经济基础具有巨大的反作用。

(5)社会发展是在生产力与生产关系、经济基础与上层建筑的矛盾运动中,即社会基本矛盾的不断产生、发展和解决中实现的。

生活感悟

改革开放以来，我国现代化建设取得了巨大成就：国民经济保持持续、快速、健康发展，现代化建设事业稳步推进，综合国力和国际竞争力显著提高，经济总量上升为世界第二；实现了人民生活从温饱不足到奔向全面小康的历史性跨越；国家创新体系、科技基础设施和自主创新能力建设得到加强，正负电子对撞机、籼型杂交水稻、亿次“银河”巨型计算机、低温核反应堆、纳米技术、载人航天飞船成功返回和探测卫星成功发射、载人深潜、北斗卫星导航系统等，标志着中国在科技研究的“高、精、尖”领域取得重大进展。

【思考】

请结合上述材料，谈谈生产力与生产关系、经济基础与上层建筑的关系。

习题演练

一、填空题

1.____________是人类社会赖以存在和发展的基础,推动着人类社会的发展。

2.社会生活由____________和____________两大部分构成。

3.____________和____________的关系问题,是历史观的基本问题。

4.社会存在是指社会的____________,主要指物质生产方式,还包括自然地理环境和人口因素。

5.社会意识是指社会的____________,包括政治、法律、道德、艺术、宗教、哲学,以及情感、风俗、习惯等。

6.对社会存在和社会意识关系的不同回答,是区分____________和____________的根本依据。

7.社会存在____________社会意识。社会意识对社会存在具有____________。

8.生产力是人们改造____________,使之满足人的需要、促进人的发展的物质力量。

9.生产关系是人们在物质生产活动过程中形成的经济关系,它由____________________、生产中人与人的关系和产品分配关系构成。

10.生产力____________生产关系。生产关系对生产力具有____________。

11.经济基础是指由社会一定发展阶段的____________所决定的生产关系的总和。

12.上层建筑是指建立在一定经济基础之上的制度、____________。

13.经济基础对上层建筑起____________作用。

14.社会发展是在____________与____________、____________与____________的矛盾运动中,即社会基本矛盾的不断产生、发展和解决中实现的。

二、选择题

1.人类社会在本质上是一个客观的物质体系,构成社会物质生活条件的基本要素是(　　)。

A.地理环境、人口因素、生产方式　　B.经济生活、政治生活、文化生活

C.人口因素、生产方式、文化生活　　D.物质文明、政治文明、精神文明

2.社会历史发展的总趋势是(　　)。

A.前进的、上升的,发展的过程是曲折的

B.倒退的、下降的,发展的过程是曲折的

C.时进时退的,发展的过程是一帆风顺的

D.时进时退的,发展的过程是曲折的

3.在阶级社会里,社会基本矛盾的解决主要是通过(　　)实现的。

A.改革　　B.发展生产力

C.阶级斗争　　D.发挥人民群众的主体作用

4.人们所处的社会经济关系不同、社会实践不同,所形成的社会意识就不同。这表明(　　)。

A.社会意识决定社会存在　　B.社会意识具有相对独立性

C.社会存在决定社会意识　　D.社会意识对社会存在具有反作用

5.为了加强黄河流域生态环境保护，十三届全国人大常委会第三十七次会议表决通过了《中华人民共和国黄河保护法》，自2023年4月1日起施行。该法律的颁布及施行，使黄河保护治理有了"铁规矩"和"硬杠杠"。这体现了（　　）。

A.社会意识决定社会存在　　B.意识活动具有目的性和能动创造性

C.生产关系一定要适应生产力的发展　　D.上层建筑促进经济基础的巩固和完善

6.随着科技的飞速发展，"数字经济""绿色出行""数字健康""共享经济"等新词汇频繁地出现在人们的日常交流中，从不同的视角见证了时代的变迁、传递了社会脉搏。这说明（　　）。

A.社会意识和社会存在具有同步性

B.社会意识是社会存在和发展的基础

C.社会意识能正确预见社会发展的趋势，对社会发展起积极的推动作用

D.一定的社会意识总是对一定的社会存在的反映

7.2023年4月以来，湖南省委认真贯彻落实党中央决策部署，在主题教育中谋划开展"走基层、找问题、想办法、促发展"活动。各级党员领导干部全面走访下基层，瞄准靶心找问题，解剖典型查根源，集思广益问良策。从哲学角度来看，湖南省委深入开展"走找想促"活动是基于（　　）。

A.承认矛盾的普遍性是解决问题的关键

B.社会意识决定社会存在

C.社会存在与社会意识相互依存，密不可分

D.人民群众的利益是最高的价值标准

8.2023年4月，教育部印发的《普通高等教育学科专业设置调整优化改革方案》提出，到2025年，优化调整高校20%左右学科专业布点，新设一批适应新技术、新产业、新业态、新模式的学科专业，淘汰不适应经济社会发展的学科专业；在具有一定国际影响力、对服务国家重大战略需求发挥重要作用的学科取得突破，形成一大批特色优势学科专业集群。这表明（　　）。

①生产关系要适应生产力的发展要求

②认识源于实践并推动实践的发展

③上层建筑要适应经济基础的新状况

④改革是社会主义制度的自我完善

A.①②　　B.①③　　C.②④　　D.③④

9.习近平总书记在党的二十大报告中强调："全党必须牢记……党的自我革命永远在路上。"勇于自我革命是中国共产党区别于其他政党的显著标志，我们必须要以党的自我革命引领社会革命。上述论断的哲学依据是（　　）。

A.辩证法的实质是既肯定又否定，既克服又保留

B.新事物代替旧事物是事物发展变化的基本状态

C.社会意识和社会存在具有同步性

D.调整完善上层建筑以更好与经济基础状况相适应

10.“把社会组织成这样:使社会的每一个成员都能完全自由地发展和发挥他的全部才能和力量,但并不因此而损害这个社会的基本条件。”恩格斯在《共产主义信条草案》中提出的这句话(　　)。

A.阐述了共产主义社会的理想目标　　B.明确了实现共产主义的基本路径

C.描绘了人类社会发展的历史进程　　D.揭示了人的发展是社会进步的根本动力

11.2023 年 10 月 12 日,国家林业和草原局在介绍我国集体林权制度改革成就时称,集体林权制度改革是继家庭联产承包责任制后又一场土地使用制度的重大变革,契合了时代发展,顺应了林农的期盼,奠定了山区林区共同富裕的基础。由此可见,(　　)。

①改革是社会主义社会发展的根本动力

②社会意识的变化根源于社会存在的变化

③上层建筑要与经济基础的状况相适应

④生产关系的变革适应了生产力发展的需要

A.①②　　B.①③　　C.②④　　D.③④

12.习近平文化思想立足宣传思想文化工作环境和条件发生深刻变化的时代方位,准确把握世界范围内思想文化相互激荡、我国社会思想观念深刻变化的最新趋势,鲜明提出一系列重大创新观点,为进一步做好思想文化宣传工作指明了前进方向,是当之无愧的立足时代之基、回答时代之问、引领时代之变的科学理论。从哲学上看,这体现了(　　)。

A.理论是在实践指导下沿着科学性方向不断深化的

B.发挥意识的能动性是认识和改造世界的重要条件

C.上层建筑适应经济基础状况,推动生产力的发展

D.社会意识和社会存在具有同步性

13.2023 年 6 月 1 日起执行的《电子商务平台知识产权保护管理》国家标准,严格遵照《中华人民共和国电子商务法》《中华人民共和国著作权法》等相关法律法规,结合实际情况细化了相关主体的责任义务,对市场主体的创新性发展和市场秩序的维护产生了积极影响。这说明(　　)。

A.生产关系对生产力具有反作用

B.上层建筑对经济基础具有反作用

C.改革是社会主义社会发展的根本动力

D.上层建筑的变更影响社会形态的更替

14.马克思指出:“从社会生活的各个领域中划分出经济领域,从一切社会关系中划分出生产关系,即决定其余一切关系的基本的原始的关系……只有把社会关系归结于生产关系,把生产关系归结于生产力的水平,才有可靠的根据把社会形态的发展看作自然历史过程。”对此观点,下列理解正确的是(　　)。

①说明生产力是生产方式中最革命、最活跃的因素

②揭示了人民群众在社会历史发展过程中的主体作用

③指出了人类社会发展就是在社会基本矛盾的不断解决中实现的

④概括了贯穿人类社会始终的基本矛盾是生产力和生产关系的矛盾

A.①②　　B.①③　　C.②④　　D.③④

15.恩格斯指出:“在历史上出现的一切社会关系和国家关系,一切宗教制度和法律制度,一切理论观点,只有理解了每一个与之相应的时代的物质生活条件,并且从这些物质条件中被引申出来的时候,才能理解。”由此可见,(　　)。

①社会意识依赖于社会物质生活条件

②任何社会意识都具有相对独立性

③社会政治法律制度受生产方式制约

④意识形态对经济基础具有反作用

A.①②　　B.①③　　C.②④　　D.③④

16.数据是驱动经济发展的关键生产要素,而各地数据分割制约发展。2023 年 10 月 25 日,国家数据局正式揭牌,负责协调推进数据基础制度建设,统筹数据资源整合共享和开发利用,统筹推进数字中国、数字经济、数字社会规划和建设等。这表明(　　)。

A.经济基础与上层建筑相互作用　　B.生产力与生产关系的相互作用

C.社会存在与社会意识相互作用　　D.生产力与上层建筑的相互作用

17.(多选)社会存在是指社会生活的物质方面,主要包括(　　)。

A.自然地理环境　　B.人口因素　　C.物质生产方式　　D.社会意识

18.(多选)生产力的基本要素包括(　　)。

A.劳动者　　B.劳动资料　　C.劳动关系　　D.劳动对象

19.(多选)社会基本矛盾运动即生产力与生产关系、经济基础与上层建筑的矛盾运动。下列对这两对矛盾关系的理解正确的有(　　)。

A.生产力决定生产关系,生产关系对生产力有反作用

B.经济基础决定上层建筑,上层建筑对经济基础有反作用

C.当上层建筑适合经济基础状况时,就会促进生产力的发展

D.当生产关系适合生产力状况时,就会推动社会的进步

20.(多选)改革是社会主义制度的自我完善和发展。下列关于改革的说法正确的有(　　)。

A.改革的根本目的是使生产关系适应生产力的发展,使上层建筑适应经济基础的发展

B.改革是发展中国特色社会主义的强大动力

C.改革是解决社会主义社会基本矛盾的重要手段

D.改革是对社会主义制度的根本变革

三、判断题

1.社会存在决定社会意识,社会意识推动社会存在发展。(　　)

2.社会意识的变化、发展决定社会存在的变化、发展。(　　)

3.社会意识的内容来源于社会存在。(　　)

4.生产关系是人类改造自然的物质力量。(　　)

5.生产力决定生产关系。(　　)

6.改革是发展中国特色社会主义的强大动力。(　　)

7.生产力和生产关系之间是相互决定的关系。(　　)

8.上层建筑是由经济基础决定的,而经济基础又是由生产力决定的。(　　)

四、简答题

1.简述社会存在与社会意识的辩证关系。

2.简述生产力与生产关系矛盾运动的规律。

3.为什么说改革是社会主义制度的自我完善和发展?

五、材料分析题

1.阅读下列材料,并按要求作答。

随着人工智能的发展,智能家居得到了飞速的发展,智能电灯、智能锁、智能屏幕、智能音箱及各种智能电器设备都开始出现在家庭生活中。智能家居提升和促进了家居生活的便利性、舒适性和安全性,可以实现更好的居住环境和更高效的生活方式,提升人们的生活体验。

请结合上述材料,谈谈物质生产活动的作用。

2.阅读下列材料,并按要求作答。

近年来,以电子商务为代表的数字经济蓬勃发展。我国电子商务规模进入快速增长的发展期,数字技术创新与产业化应用推动新电商兴起,新消费不断重塑商贸流通和生产供给。国家市场监督管理总局发布了《网络交易监督管理办法》《关于平台经济领域的反垄断指南》等一系列针对网络经济领域的行政规章,电子商务的发展在一定程度上对相关治理和法治建设提出更多挑战。

请运用社会基本矛盾及其运动规律的知识,谈谈我国电子商务行业政策法规的修订完善对社会经济发展的意义。

3.阅读下列材料,并按要求作答。

《中国共产党章程》指出:“我国社会主义建设的根本任务,是进一步解放生产力,发展生产力,逐步实现社会主义现代化,并且为此而改革生产关系和上层建筑中不适应生产力发展的方面和环节。”

为什么说发展生产力需要改革生产关系和上层建筑中不适应生产力发展的方面和环节?

第11课　社会历史的主体

知识梳理

一、人民创造历史

1.人民群众是历史的创造者

(1)人民群众是指一切对社会历史发展起推动作用的人。
(2)人民群众是社会物质财富的创造者。
(3)人民群众是社会精神财富的创造者。
(4)人民群众是社会变革的决定力量。

2.杰出人物在社会历史发展中的作用

(1)历史唯物主义肯定人民群众是历史的创造者,但也不否认个人在历史中的作用。
(2)杰出人物在历史发展中具有发起和探索作用。
(3)要历史地、辩证地看待杰出人物在历史发展中的作用。

二、自觉站在最广大人民的立场上

1.坚持人民至上

(1)中国共产党人始终牢记党的性质和宗旨,坚持人民至上,把人民放在心中最高的位置。
(2)中国共产党人始终坚持党的群众路线,真正把以人民为中心落到实处。
(3)中国共产党人始终把实现人民对美好生活的向往,作为自己的奋斗目标。

2.服务人民,奉献祖国

(1)新时代青年要担当时代责任。
(2)新时代青年要与人民同呼吸、共命运。
(3)新时代青年要自觉投身服务人民的伟大实践,同人民群众一起拼搏。

生活感悟

回望上下五千年，波澜壮阔的中华民族发展史是由中国人民书写的，博大精深的中华文明是由中国人民创造的，历久弥新的中华民族精神是由中国人民培育的，中华民族迎来从站起来、富起来到强起来的伟大飞跃是中国人民奋斗出来的。

在革命、建设、改革的历史进程中，中国共产党紧紧依靠人民，跨过一道又一道沟坎，取得一个又一个胜利：是人民的小推车推出了淮海战役的胜利奇迹，是人民的小木船划出了渡江战役的伟大胜利，是人民的“小铁锹”挖出了大油田、甩掉了贫油的帽子，是人民的“大包干”拉开了农村改革的历史大幕……

【思考】

请结合上述材料，谈谈人民群众在历史发展中的地位和作用。

习题演练

一、填空题

1.人民群众是指一切对____________起推动作用的人。

2.在我国现阶段，全体社会主义____________者、社会主义事业的____________者、拥护社会主义的____________者、拥护____________和致力于中华民族伟大复兴的爱国者，都属于人民群众的范围。

3.人民群众是社会____________财富的创造者。人民群众是社会____________财富的创造者。人民群众是社会变革的____________力量。

4.杰出人物在历史发展中具有发起和____________作用。杰出人物在历史发展中具有组织和____________作用。杰出人物在历史发展中具有表率和____________作用。

5.那些代表先进阶级、阶层、集团的利益，能够反映____________的杰出人物，对推动历史发展作出了重要贡献或起到了重要作用。

6.任何杰出人物都是一定时代的社会历史条件的产物，不管他在历史上发挥了多大的作用，都是受到______________________的制约，不能决定和改变历史发展的总进程和总方向。

7.中国共产党人始终牢记党的性质和宗旨，坚持人民至上，把人民放在____________的位置。中国共产党始终代表____________根本利益，与人民休戚与共、生死相依。

8.群众路线是党的____________和____________路线。

9.中国共产党人的初心和使命，就是为中国人民谋____________，为中华民族谋____________。

10.新时代青年要担当____________。新时代青年要与人民______________________。新时代青年要自觉投身____________的伟大实践，同人民群众一起拼搏。

二、选择题

1.人民群众是指(　　)。

A.全体公民　　B.从事物质资料生产的劳动群众

C.进步阶级　　D.一切对社会历史发展起推动作用的人

2.下列选项中，体现人民群众是社会历史主体的是(　　)。

A.英雄人物创造历史　　B.人民群众是社会物质财富的创造者

C.社会意识决定社会存在　　D.生产方式是社会发展的决定力量

3.党的群众路线的核心内容是(　　)。

A.一切为了群众，一切依靠群众，从群众中来，到群众中去

B.独立自主，自力更生

C.解放思想，实事求是

D.坚持党的领导

4.中国共产党的根本宗旨是(　　)。

A.全心全意为人民服务　　B.实现共产主义

C.坚持党的基本路线　　D.坚持人民民主专政

5.人民群众创造历史的活动受历史条件的制约。这表明人民群众(　　)。

A.不是社会历史的主体　　B.不能随心所欲地创造历史

C.在社会历史发展中不起作用　　D.是社会历史发展的决定力量

6.2023年12月11日至12日,中央经济工作会议在北京举行。会议要求,要做好岁末年初重要民生商品保供稳价,保障农民工工资按时足额发放,关心困难群众生产生活,深入落实安全生产责任制,守护好人民群众生命财产安全和身体健康。上述材料表明(　　)。

A.人民群众创造的财富是人类社会存在和发展的基础

B.正确的价值判断无须站在最广大人民的立场上

C.人民群众是社会历史的主体,是历史的创造者

D.群众观点是我们制定路线、方针、政策的出发点

7."一带一路"是立足于人类前途命运及中国和世界发展大势,促进全球共同繁荣、构建人类命运共同体的重大战略主张和合作平台。"一带一路"倡议自提出以来,建设硕果累累,共建国家人民砥砺奋进,共建国家面貌焕然一新。"一带一路"倡议从构想到现实,其中蕴含的哲理有(　　)。

A.社会存在决定社会意识,社会意识具有相对独立性

B.当先进上层建筑为经济基础服务时,就能促进生产力发展

C.国家战略往往是推动经济社会发展的根本动力

D.社会历史发展与人民群众的力量无关

8.第二批学习贯彻习近平新时代中国特色社会主义思想主题教育层级下移,这就要求广大党员干部把功夫下在解决实际问题上,用好"一线工作法"。"一线工作法",顾名思义,就是工作重心下沉,到一线开展工作的方法。到项目建设一线、乡村振兴一线、服务群众一线、化解矛盾一线,问计于民、问需于民,倾听群众呼声、反映群众愿望、关心群众疾苦,聚焦群众急难愁盼问题,积极化解信访积案,在一线为民服务中不断提高工作本领,密切党群干群关系。用好"一线工作法",是因为(　　)。

A.社会历史是由普通人的实践构成的,他们是历史的创造者

B.物质生活资料的生产活动是人类社会存在和发展的基础

C.群众是我们力量的源泉,群众路线和群众观点是我们的传家宝

D.群众路线和群众观点是无产阶级政党的根本立场和根本观点

9.习近平总书记强调,共产党打江山、守江山,守的是人民的心,为的是让人民过上好日子。人民至上,确立了源自人民、尊重人民、依靠人民、服务人民、惠及人民、引领人民的价值取向和实践导向。"人民至上"的哲学依据是(　　)。

①人民群众是社会存在和发展的基础

②人民群众是社会历史的创造者

③群众观点是马克思主义哲学的核心观点

④群众路线是党的生命线和根本工作路线

A.①② B.①③ C.②④ D.③④

10.习近平总书记在江西省考察时强调，要把实的要求贯穿主题教育全过程，坚决防止和克服形式主义、官僚主义，实实在在抓好理论学习和调查研究，实实在在检视整改突出问题，实实在在办好惠民利民实事，用实干推动发展、取信于民。这是基于（ ）。

A.人民群众是物质财富的创造者 B.群众路线是党制定政策的出发点

C.党的根基在人民、血脉在人民 D.人民群众是全部社会生活的本质

11.近年来，随着汽车工业的发展和技术进步，汽车产品质量不断提升，私家车车主车辆保养意识也不断增强，社会各界普遍呼吁放宽私家车检验周期。为积极回应群众期待，适应汽车产业发展，交通安全和大气污染防控形势，公安部、国家市场监督管理总局等四部门发布深化车检改革新措施，推出了优化私家车检验周期、推进网上预约检验等一系列便民利民措施。由上述材料可知，（ ）。

A.经济基础的变化迟早会引起上层建筑的变化

B.改革是推动社会主义社会发展的根本动力

C.每一种生产关系都会产生相对应的上层建筑

D.解决社会矛盾不必坚持群众观点和群众路线

12."四下基层"——宣传党的路线、方针、政策下基层，调查研究下基层，信访接待下基层，现场办公下基层——是习近平同志在福建宁德工作时大力倡导并身体力行形成的工作方法和工作制度。"四下基层"（ ）。

①说明社会生活在本质上是实践的

②生动诠释了党的群众观点与群众工作的有机统一

③体现了人民的意愿是我们党全部工作的出发点和落脚点

④说明从群众中来，到群众中去是我们党的生命线和根本工作路线

A.①② B.①④ C.②③ D.③④

13.在杭州亚运会开幕式上，浙江的一些人文、历史和发展的元素被"搬"到舞台上，充分展现了一往无前的浙江精神。开幕式演员中没有明星"大腕"，主要演员均为没有表演经验的"素人"，但是他们的表演却获得全网观众盛赞。这充分说明（ ）。

A.社会意识是对社会存在的反映

B.社会历史由普通人的实践构成的，他们是历史的创造者

C.浙江精神作为正确的社会意识能对社会发展起推动作用

D.群众是社会进步的力量源泉，要坚持群众观点和群众路线

14.习近平总书记强调，城市是人民的城市，人民城市为人民。城市管理应该像绣花一样精细，要以高瞻远瞩的科学思维"绣花"，铺展城市发展美好蓝图，守护温暖中国万家灯火。其中蕴含的哲理有（ ）。

①要坚持以人民为中心，贯彻群众观点和群众路线

②量变是质变的必要准备，积累量变必然引起质变

③社会意识有相对独立性，可以预见社会发展方向

④要立足关键部分,以部分的发展推动整体的发展

A.①② B.①③ C.②④ D.③④

15.解放战争是我们党同国民党反动派的大决战,不仅仅是兵力火力之战,更是民心向背之争。习近平总书记在参观辽沈战役纪念馆时感慨:“辽沈战役的胜利是东北人民全力支援拼出来的。”这说明人民群众是( )。

A.社会物质财富的创造者 B.社会精神财富的创造者

C.社会历史的创造者 D.社会发展的引领者

16.“时代是出卷人,我们是答卷人,人民是阅卷人。”习近平总书记作出的这一精辟论断,生动诠释了中国共产党一以贯之的初心使命,充分展现出深厚的人民情怀,完成这一使命必须( )。

A.努力消除社会发展的基本矛盾 B.自觉站在最广大人民的立场上

C.把价值观作为一切工作的核心 D.把公民个人利益作为价值标准

17.(多选)下列关于人民群众的说法正确的有( )。

A.人民群众是一个历史范畴

B.在不同的历史时期,人民群众有着不同的内容

C.人民群众的主体始终是从事物质资料生产的劳动群众

D.人民群众是历史的创造者,在社会历史发展中起决定作用

18.(多选)杰出人物在历史上的作用是( )。

A.他们是历史事件的直接参与者、策划者、指挥者

B.他们是历史任务的发起者和完成历史任务的组织者

C.他们是历史进程的重大影响者

D.他们能改变历史发展的趋势

19.(多选)坚持以人民为中心的发展思想,这是因为( )。

A.人民是历史的创造者

B.人民是决定党和国家前途命运的根本力量

C.为中国人民谋幸福,为中华民族谋复兴,是中国共产党人的初心和使命

D.发展的根本目的是增进民生福祉

20.(多选)做有理想、有本领、有担当的时代青年,应( )。

A.立大志,树立崇高的理想信念,牢记使命,自信自强

B.明大德,锤炼高尚的品格

C.成大才,勤奋学习,增长才干

D.担大任,善谋,实干,锐意进取

三、判断题

1.人民群众的构成是一成不变的。( )

2.人民群众的生产生活实践是一切精神财富、精神产品的源泉。( )

3.人民群众是物质财富的创造者,知识分子是精神财富的创造者。( )

4.群众路线是中国共产党的生命线和根本工作路线,是其永葆青春活力和战斗力的传家宝。( )

5.在任何时期,人民群众都是社会变革的主力军。( )

6.只有杰出人物才是伟大的人物。( )

7.杰出人物在历史发展中的作用巨大,因此历史是由杰出人物创造的,与人民群众无关。( )

8.中国共产党始终代表最广大人民的根本利益。( )

四、简答题

1.简述人民群众是历史的创造者的表现。

2.为什么说党的群众路线是党的生命线和根本工作路线?

3.请结合实际,谈谈在新时代如何坚持以人民为中心的发展思想。

五、材料分析题

1.阅读下列材料,并按要求作答。

讲好中国故事的关键在于讲好中国人民的故事,谱写好他们的精神史、心灵史和创业史。电视剧《人世间》从一个家庭的视角折射出中国社会与时代的蜕变。该剧用“最人民”的方式讲述“最中国”的故事,成为人们认识历史、时代与社会的“读本”,获得广泛好评。电视剧形象地展示了普通人的生活,浓浓的烟火气和熟悉的旧时光令人感动,彰显出生活质感与现实温度;同时,通过刻画普通人亲历与见证的改革开放进程,描绘出党带领人民奋斗圆梦、成就中国改革开放辉煌巨变的时代画卷,体现了历史厚度和时代高度。

请结合上述材料,运用社会历史主体的原理,说明文艺创造应如何用“最人民”的方式讲述“最中国”的故事。

2.阅读下列材料,并按要求作答。

雷锋树立了为人民服务的崇高理想,并且身体力行,展现出崇高的人生价值。“雷锋出差一千里,好事做了一火车”这句话就是对雷锋精神的生动概括。时至今日,雷锋精神仍旧闪烁着伟大的光辉,学习雷锋永不过时。

请结合雷锋事迹,用历史唯物主义观点说明“学习雷锋永不过时”,以及中职学生应如何弘扬雷锋精神。

3.阅读下列材料,并按要求作答。

习近平总书记强调,绿化祖国要坚持以人民为中心的发展思想,广泛开展国土绿化行动,人人出力,日积月累,让祖国大地不断绿起来美起来。

请运用唯物史观有关知识,说明绿化祖国要坚持以人民为中心的发展思想。

第12课 实现人生价值

知识梳理

一、树立正确的价值观

1.价值观的导向作用

(1)价值观是人生的向导。价值观是人们对于事物价值的总的看法和根本观点。

(2)在一定社会的各种价值观中,居于核心地位、起着主导作用的价值观是核心价值观。

2.广泛践行社会主义核心价值观

(1)富强、民主、文明、和谐,自由、平等、公正、法治,爱国、敬业、诚信、友善,是社会主义核心价值观的基本内容。

(2)青少年是祖国的未来,民族的希望。青少年阶段是人生的“拔节孕穗期”,是价值观形成和确立的重要时期。

二、人生价值贵在奉献

1.人生价值是自我价值和社会价值的统一

(1)人生价值包括人生的自我价值和社会价值两个方面。

(2)自我价值是个体生存和发展的必要条件,个体通过努力提高自我价值的过程,也是其创造社会价值的过程。

(3)社会价值是人的根本价值,是自我价值实现的基础。

2.在奉献社会中实现人生价值

(1)在积极奉献中实现人生价值。人是价值的创造者,也是价值的享用者。

(2)立足本职岗位实现人生价值。

(3)以诚实劳动实现人生价值。

(4)未来属于青年,希望寄予青年。

生活感悟

在我们周围，许多人以不同方式为社会创造价值，从而实现自己的价值。农民劳动，为社会提供丰富的农副产品；工人做工，为社会创造各种生产工具和生活用品；作家、艺术家创作优秀的文学艺术作品，给人以美的精神享受；企业家经营企业，促进社会物质资料的生产和流通；科研人员通过科学研究活动，将科技成果转化为现实生产力……

【思考】

请结合上述材料，谈谈你认为人生价值包括哪些方面，普通劳动者如何在本职岗位上实现人生价值。

习题演练

一、填空题

1.价值观是人们对于事物价值的__________和__________。

2.人生观是人们关于__________、__________、__________等问题的根本观点。人生观的核心问题是__________问题。

3.在一定社会的各种价值观中,居于__________、起着__________的价值观是核心价值观。

4.富强、__________、__________、和谐,__________、__________、公正、法治,爱国、__________、诚信、__________,是社会主义核心价值观的基本内容。

5.社会主义核心价值观回答了我们要建设什么样的__________、建设什么样的__________、培育什么样的__________的重大问题。

6.社会主义核心价值观是当代__________的集中体现。

7.人生价值包括人生的__________和__________两个方面。

8.自我价值是个体生存和发展的__________,个体通过努力提高自我价值的过程,也是其创造__________的过程。社会价值是人的__________价值,是自我价值实现的__________。

9.评价人生价值主要看个体对社会所作的__________。

10.人是价值的创造者,也是价值的__________。奉献推动了社会发展,为个人的正当__________打下基础;正当的获取又会激发起个人的__________和__________为社会作出更大的贡献。

11.衡量人生价值的标准,最重要的就是看一个人是否用自己的劳动和聪明才智为国家和社会__________,为人民群众__________。

12.我们要立足__________实现价值。以__________实现价值。我们要树立正确的劳动观,崇尚劳动、热爱劳动、辛勤劳动、诚实劳动,立足岗位,在__________中实现人生价值。

二、选择题

1.社会主义核心价值观是社会主义核心价值体系最深层的精神内核,具有强大感召力、凝聚力和引导力。下列关于社会主义核心价值观的说法正确的是(　　)。

A.自由、平等、公正、法治是国家层面的价值目标

B.富强、民主、文明、诚信是社会层面的价值取向

C.爱国、敬业、和谐、友善是公民个人层面的价值准则

D.其凝结着全体人民共同的价值追求,是当代中国精神的集中体现

2.评价一个人人生价值的大小,主要看(　　)。

A.个人对社会的贡献

B.社会对个人的尊重和满足

C.个人的自我价值实现

D.个人的物质财富积累

3.长征时,是什么激励着红军前仆后继、百折不挠?是什么力量使他们把生死置之度外而阔步前行?是革命必胜的信念,是解放全中国的伟大理想,是为人民群众谋幸福的价值追求。这生动说明( )。

A.价值观是对人的价值的总的看法和根本观点

B.人生选择都是在正确价值观的指导下进行的

C.价值观影响一个人的理想、信念、生活目标

D.价值观对人生发展起正确的导向作用

4.没有核心价值观,一个国家、一个民族就没有凝聚力、向心力和发展动力,就会成为一盘散沙和空中浮萍。这说明核心价值观( )。

①是一个民族赖以维系的精神纽带

②决定一个国家、一个民族的发展

③关系社会和谐稳定和国家长治久安

④是人人都认可的价值观

A.①② B.①③ C.②③ D.③④

5.社会主义核心价值观与中国特色社会主义发展要求相契合,与中华优秀传统文化和人类文明成果相承接。下列符合社会主义核心价值观中公民个人层面价值准则的是( )。

A.干一行,爱一行,专一行 B.窈窕淑女,君子好逑

C.胜不骄,败不馁 D.万事如意,心想事成

6.习近平总书记强调,青少年阶段是人生的"拔节孕穗期",最需要精心引导和栽培;要给学生心灵埋下真善美的种子,引导学生扣好人生第一粒扣子。这是因为( )。

①青少年的价值观决定于其行为选择

②青少年的价值观一旦形成就会固定不变

③价值观教育是青少年健康成长的必修课

④正确价值观是青少年走好人生路的重要向导

A.①② B.①④ C.②③ D.③④

7.加强对英烈姓名、名誉、荣誉等的法律保护,对于促进社会尊崇英烈、扬善抑恶、弘扬社会主义核心价值观来说意义重大。为更好地弘扬英雄烈士精神,我国出台了《中华人民共和国英雄烈士保护法》《烈士褒扬条例》《烈士纪念设施保护管理办法》等法律法规。对英雄烈士加强立法保护是基于( )。

A.价值观是人生的向导

B.为践行社会主义核心价值观提供根本遵循

C.为人们提供精神指引,是提升全民族文明素养的需要

D.不同民族、不同国家产生和形成的核心价值观各有其特点

8.2023 年 9 月 30 日是我国第十个"烈士纪念日",当天上午,向人民英雄敬献花篮仪式在北京天安门广场隆重举行。该仪式意在( )。

①弘扬中华优秀的传统文化,激发民族自信心自豪感

②丰富民族精神的时代内涵，鼓舞中国人民团结奋斗

③践行社会主义核心价值观，营造崇尚英雄的社会氛围

④引导人们树立正确历史观，增强民族认同和国家认同

A.①② B.①③ C.②④ D.③④

9.“感动中国2022年度人物”陆鸿幼年残疾，成年后摆过修车摊、开过网店、办过影楼，他创办的实体相册生产工厂已成为残疾人扶贫创业基地，为不少残疾人提供了就业岗位。他的事迹说明(　　)。

A.价值观引导人们走上美好的人生道路

B.社会提供的客观条件是实现人生价值的前提

C.人只有在劳动中才能创造和实现自己的价值

D.只有帮助他人才算实现人生价值

10.“雷达看多远，国防安全就能保多远。”由我国著名科学家刘永坦带领的团队自主创新研制的新体制雷达，改变了依靠传统雷达我国海域可监控可预警范围不足20%的状况，实现了对我国海域监控的全覆盖，给祖国的万里海疆安上“千里眼”。从哲学上看，这说明(　　)。

A.实践能够锻炼和提高人的认识能力，促进认识的发展

B.实践能够创造日益完备的认识工具，促进认识的发展

C.科学研究与创新对社会变革的积极作用不可替代

D.价值观决定人的理想、信念、生活目标

11.“边境多缉一克毒，内地少受十分害”，为了这个承诺，无数缉毒民警风餐露宿、隐姓埋名、卧底擒凶，冒着枪林弹雨与毒贩殊死搏杀。战斗在第一线的缉毒警察，用其伟大平凡的一生告诉我们什么叫作人民公仆的“最美警察”。其中蕴含的哲理有(　　)。

①能赢得荣誉和赞美是衡量人生价值的标准

②理想信念和价值观念决定了人的行为选择

③劳动者是创造历史的社会主体和真正英雄

④个人的社会价值与自我价值是高度统一的

A.①② B.①③ C.②④ D.③④

12.曾经，离开面朝黄土背朝天的农村生活，是很多农村青年的梦想。如今，一些年轻人认为，农村也可以大有作为，看准农业生产向规模化、机械化、科技化、现代化转变的机会，他们选择走进农村干事创业，把高新技术应用于田间地头。这说明(　　)。

A.社会意识的变化决定社会存在的变化

B.价值观对人们的行为有规范和引导作用

C.社会提供的客观条件是实现人生价值的前提

D.随着时间的推移，社会意识会自主地发生变化

13.部队服役16年，淬炼了他热血果敢的性格；参与基层服务，让他养成了脚踏实地的习惯；投身公益事业，又赋予了他温暖细腻的共情能力……无论在军营，在基层服务岗位，还是在公益事业中，第二届“感动渝中”人物朱佳云总能设身处地，用一个个微小的行动为残疾居民

“拼凑”出温暖的“地图”，带领他们“找到出路”。朱佳云的事迹启示我们（　　）。

A.人的自我价值是实现社会价值的前提和基础

B.只有在奉献社会中才能实现人的自我价值

C.价值观决定人的理想、信念、生活目标

D.人生价值的实现建立在社会认可的基础上

14.2023年，中国国家创新指数排名世界第10位。在“知识创造”数据方面，中国表现尤为突出，千帆竞渡，百舸争流。只要持续在创新投入上做加法、在耗能上做减法，就会让创新的“种子”更好生根发芽、开花结果。因此，提升国家创新指数，我们要（　　）。

A.抓主要矛盾，看数据，既要看“数”，又要看“质”

B.事物发展是前进性和曲折性的统一，要参与世界竞争

C.要坚持辩证否定观，在投入上和耗能上加大创新力度

D.投身于为人民服务的实践，是实现人生价值的根本途径

15.2023年10月5日，随着日本第二轮排海行动的启动，日本一意孤行、坚持长期向海洋排放危险物质的意图已昭然若揭。日本官员表示，核污染废水可以饮用，没有危害；但有关专家指出，日本这是在向全人类转嫁核污染风险，侵害各国人民的生存权。这表明（　　）。

①不同的人对同一事物的认识是不同的

②价值观不同，人们对事物的评价就不同

③事物的发展是前进性与曲折性的统一

④联系是客观的，要从事物固有的联系中把握事物

A.①②　　B.①③　　C.②④　　D.③④

16.习近平总书记强调，全党同志要做到学史明理、学史增信、学史崇德、学史力行，学党史、悟思想、办实事、开新局，以昂扬姿态奋力开启全面建设社会主义现代化国家新征程。习近平总书记强调要求开展党史教育，强化理想信念以更好服务社会发展，其中体现的历史唯物主义观点是（　　）。

①生产方式决定社会的性质和面貌

②生产关系一定要适应生产力状况

③上层建筑对经济基础具有反作用

④正确的价值观可以指导实践、推动工作

A.①②　　B.①③　　C.②④　　D.③④

17.（多选）人生价值包括两个方面，即（　　）。

A.个人对社会的责任和贡献　　B.社会对个人的尊重和满足

C.个人的自我价值实现　　D.个人的物质财富积累

18.（多选）实现人生价值需要（　　）。

A.在积极奉献中实现人生价值　　B.立足本职岗位实现人生价值

C.以诚实劳动实现人生价值　　D.等待良好的机遇和条件

19.（多选）2023年是毛泽东题写“向雷锋同志学习”的60周年。习近平总书记强调：“雷

锋精神,人人可学;奉献爱心,处处可为。”我们从中可以感受到(　　)。

A.价值观影响人们的行为选择

B.价值观是人生的向导

C.价值观决定人的前途和命运

D.价值观体现着一个社会评判是非曲直的标准

20.(多选)每当谈起青蒿素的研究成果,屠呦呦总是会说自己只是把老祖宗的智慧发扬光大,青蒿素的研究成果离不开多位科研工作者的共同努力。在研究过程中,屠呦呦攻坚克难,面对失败不退缩;秉持奉献精神,以身试药。据世界卫生组织不完全统计,青蒿素已挽救数百万疟疾患者的生命。这说明(　　)。

A.人是价值的创造者,也是价值的享用者

B.人的价值是在个人与社会的统一中实现的

C.人要在实践中施展能力,创造价值

D.人的价值观决定人生理想和信念

三、判断题

1.价值观对人生与社会具有指导和促进作用。(　　)

2.个人素质越高,人生价值越大。(　　)

3.价值观影响一个人的理想、信念、生活目标。(　　)

4.核心价值观承载着一个民族、一个国家的精神追求。(　　)

5.人生价值就是人生的自我价值。(　　)

6.自我价值是人的根本价值。(　　)

7.评价人生价值主要看个体对社会所作的贡献。(　　)

8.人的价值是奉献与获取的统一。(　　)

四、简答题

1.简述人生价值的含义及内容。

2.简述社会主义核心价值观的基本内容。

3.实现人生价值的途径有哪些?

五、材料分析题

1.阅读下列材料,并按要求作答。

实现中华民族伟大复兴的中国梦,要靠一代代人持续奋斗。当代青年要树立“功成不必在我,功成必定有我”的观念,用自己的青春浇灌祖国的未来。

请运用树立正确价值观的有关知识,谈谈你对“功成不必在我,功成必定有我”的理解。

2.阅读下列材料,并按要求作答。

2018年度“全国最美中职生标兵”刘家昂,是某职业学校数控技术应用专业的学生。在校期间,他以成为新时代的“大国工匠”为奋斗目标,努力学习,抓住每一次实操训练机会苦练技能,多次在国家、省级技能比赛中获奖;他在精进专业技能的同时,还积极参与各项志愿者服务活动,不断提升自我,争做新时代的好青年。他说参与志愿者服务活动是一生要坚持的事。

请结合刘家昂的事迹和自身专业实际,谈谈中职学生应如何践行社会主义核心价值观。

3.阅读下列材料,并按要求作答。

小王是某职业学校三年级学生,他在努力学习的同时,还加入学校和社会上的志愿者团队,经常参加各种志愿活动,周末和节假日都非常忙碌。而小王的妈妈认为,学生应该以学习为主,主要任务是在学校里学好知识和技术,参加志愿活动浪费时间和精力,就不要参加了。

请从个人与社会的关系、人生价值及其实现等角度,评价一下小王的做法。

参考答案

第一单元　立足客观实际　树立人生理想

第1课　时代精神的精华

生活感悟

情境1:任何事物的运动都是有规律的,它指导我们要按规律办事,实事求是。

情境2:任何事物都是矛盾的对立统一体,它指导我们做任何事情都要坚持全面看问题原则,做到具体问题具体分析。

情境3:事物变化的基本状态是量变和质变,它指导我们做事情要坚持适度原则,注重量的积累,抓住时机,促成飞跃。

习题演练

一、填空题

1.社会实践

2.认识;改造

3.总的;根本

4.本质

5.理论体系;系统化

6.概括和总结

7.具体领域;普遍

8.世界观;方法论

9.辩证唯物主义;历史唯物主义

10.世界物质统一性原理;事物矛盾运动的规律;实践与认识的辩证关系

11.科学;人民;实践

12.懂;用

二、选择题

1.D【解析】根据所学知识可知,哲学与我们的生活、我们置身其中的自然和社会密切相关,总是直接或间接地影响着我们的学习、工作和生活。人生处处有哲学。故D项正确,ABC项错误。

2.C【解析】根据所学知识可知,哲学是系统化、理论化的世界观。故选 C 项。哲学是关于世界观的理论体系。排除 A 项。人们对整个世界的总的看法和根本观点是世界观。排除 B 项。哲学是对自然、社会和思维知识的概括和总结。排除 D 项。

3.B【解析】根据所学知识可知,哲学是世界观和方法论的统一。哲学既是世界观,也是方法论。一般来说,世界观决定方法论,方法论体现世界观。既不存在脱离世界观的方法论,也不存在脱离方法论的世界观。本题为选非题,故选 B 项,不选 ACD 项。

4.A【解析】根据所学知识可知,哲学从不断发展的具体科学中概括出最一般的结论,离开具体科学知识,哲学就会干涸和枯萎。哲学为具体科学提供世界观和方法论的指导,具体科学的研究活动都是自觉或不自觉地在一定世界观和方法论的指导下进行的。故 A 项正确,BCD 项错误。

5.B【解析】根据所学知识可知,学一点哲学、懂一些哲学,对自己的生活和工作绝对有益无害,该观点看到了哲学是一门给人智慧、使人聪明的学问,承认认识世界、办好事情,都需要哲学智慧,①④说法正确。对哲学掌握的深度决定着人生的高度的说法夸大了哲学对人生的作用,②说法错误。哲学是世界观和方法论的统一,科学的哲学是科学的世界观和方法论的统一,③说法错误。故 B 项正确,ACD 项错误。

6.C【解析】根据材料可知,哲理小说深受读者喜爱的原因表明哲学与生活息息相关,来源于生活,C 项符合题意。材料未体现哲学是一种智慧,是美好生活的向导,A 项不符合题意。真正的哲学是时代精神的精华,不是民族精神的升华和凝聚,B 项说法错误。哲学研究整个世界最普通、最一般、最本质的问题,而不仅仅是对人生的一种本质的普遍规律问题的思考,D 项说法错误。

7.D【解析】根据材料可知,熊新翔在母校期间的哲学思考对他人生的作用太大了,体现了哲学能为人们的实践活动提供世界观和方法论的指导,D 项正确。具体科学是哲学的基础,哲学并不能取代具体科学,排除 A 项。哲学有科学和非科学之分,马克思主义哲学是科学的世界观和方法论的统一,排除 B 项。材料强调哲学的功能,没有体现哲学的内容,排除 C 项。

8.C【解析】根据材料可知,"哲学总揽一切,综括一切"说明哲学揭示的是整个世界最一般的本质和最普遍的规律,C 项符合题意。哲学是对具体的科学的概括和总结,不是一门包罗万象、囊括万物的综合性科学,A 项错误。哲学是对具体科学知识的概括和总结,但不是总和,B 项错误。哲学的研究对象是整个世界,包括自然界、人类社会和人类思维,D 项错误。

9.C【解析】根据材料可知,以儒家思想中蕴藏的深邃智慧为人工智能技术的发展开辟新道路,说明哲学为具体科学提供世界观和方法论的指导,C 项符合题意。具体科学是哲学的基础,A 项说法错误。材料强调的是哲学对具体科学的作用,没有体现具体科学推动哲学发展,B 项不符合题意。材料强调哲学和具体科学的关系,没有强调哲学和世界观的关系,D 项不符合题意。

10.C【解析】根据材料可知,习近平总书记立足中华民族伟大复兴战略全局和世界百年未有之大变局,提出了要回答好"世界怎么了""人类向何处去"的时代之题,这说明哲学是在人们处理与世界关系的实践中形成和发展的,哲学源于人们在实践中对世界的追问和思考,②③说法正确。具体科学关注人与世界的具体关系及其活动方式,①说法错误。哲学是系统化、理论化的世界观，不能自发形成，认为“只要留心思考，每个人都能形成系统化理论化的世界观”的说法是错误的，排除④说法。故 C 项正确，ABD 项错误。

11.A【解析】根据材料可知，本次论坛探讨促进科技与哲学交叉融合发展之道，这说明科学与哲学可以统一在当代实践发展之中，①说法正确。探究和审度当前科技革命与时代变革的最新趋势，聚焦前沿科技的哲学冲击和社会伦理挑战，促进科技与哲学交叉融合，这说明具体科学的发展进步能够促进哲学的发展，②说法正确。材料强调哲学与具体科学的关系，没有涉及哲学的产生，③说法不符合题意。哲学为具体科学提供世界观和方法论的指导，而非具体的方法与路径，④说法错误。故 A 项正确，BCD 项错误。

12.C【解析】根据材料可知，“要加快构建中国特色哲学社会科学，为全面建设社会主义现代化国家提供有力思想和智力支持”，这说明哲学为人们认识和改造世界的活动提供世界观和方法论的指导，C 项符合题意。哲学起源于人们在生活实践中对宇宙、人生的追问和思考，“哲学是先于人类产生而存在的”的表述不正确，A 项错误。哲学是对具体科学的概括总结，但材料不涉及哲学与具体科学的关系，B 项不符合题意。具体科学是哲学的基础，具体科学的进步推动哲学的发展，D 项错误。

13.A【解析】根据所学知识可知，哲学源于生活，又是指导人们生活得更好的艺术，表明哲学为人们生活提供世界观与方法论的指导；哲学对科学本身发展的作用主要体现在理论前沿。当某一学科发展遭遇瓶颈或科学研究陷入困境时，科学家便会试图“研究哲学”，体现了哲学为具体科学的研究提供指导，①④说法符合题意。哲学提供世界观与方法论的指导，不能提供解决科学问题的具体方法，②说法错误。真正的哲学是一种精神力量，可以指导社会发展，不是社会发展的决定力量，③说法错误。故 A 项正确，BCD 项错误。

14.D【解析】根据所学知识可知，对于大自然的神秘无动于衷的人，是不可能真正领悟哲学的内涵的，体现了哲学与实践的关系，说明哲学源于人们在实践中对世界的追问和思考，而不产生于认识和解释世界。A 项错误，D 项正确。材料强调哲学的起源问题，没有涉及哲学对具体科学的作用。排除 B 项。哲学有科学和非科学之分，马克思主义哲学是科学的世界观和方法论。C 项错误。

15.B【解析】根据材料可知，“爱因斯坦从唯物论出发，建立了广义相对论；海森堡受柏拉图哲学的启发，决心寻找反映自然秩序的数学核心，建立了矩阵力学”，这强调了哲学对具体科学发展的作用，说明哲学为具体科学提供世界观和方法论的指导，B 项正确。材料强调哲学对具体科学的作用，不涉及具体科学的发展为解决哲学问题提供了坚实基础，A 项不符合题意。具体科学揭示的是自然、社会和思维某一具体领域的规律，哲学对具体科学进行概括和升华，从中抽象出最一般的本质和最普遍的规律，C 项错误。哲学是对自然、社会和思维知识的概括和总结，D 项错误。

16.D【解析】根据所学知识可知，马克思主义哲学具有科学性、人民性、实践性和与时俱进的品质。马克思主义哲学经过实践反复检验，体现了其科学性。故 D 项正确，ABC 项错误。

17.ABC【解析】根据所学知识可知，哲学是关于世界观的理论体系，哲学把人们自发形成的世界观，以理论的形式加以抽象和概括，A 项正确。哲学是系统化的方法论，马克思主义哲学引导人们运用正确方法深刻理解人与世界的关系，帮助人们在改造世界的过程中，既遵循客观规律,又实现自身目的,B 项正确。哲学是对自然、社会、思维知识的概括和总结,C 项正确。马克思主义哲学即辩证唯物主义和历史唯物主义,是一个逻辑严密的有机整体,其理论内容包括世界物质统一性原理、事物矛盾运动的规律、实践与认识的辩证关系、人类社会发展的规律等,D 项错误。

18.ABCD【解析】根据所学知识可知,马克思主义哲学是科学的世界观和方法论,对中国特色社会主义建设和我们成长成才都具有重要指导作用。马克思主义哲学创造性揭示了人类社会的发展规律,科学预见和指明了人类社会的前进方向,提出了社会发展的理想目标。马克思主义哲学是特定时代的产物,有其深厚的社会基础和理论渊源。马克思主义哲学以实现人的自由而全面的发展和全人类解放为历史使命,反映出人类对理想社会的美好憧憬和追求。自从有了马克思主义哲学,以无产阶级为代表的劳动群众就有了自己的思想武器。故 ABCD 项均正确。

19.ABCD【解析】根据所学知识可知,学好用好马克思主义哲学,我们需要做到四点:勤下功夫,真学;融会贯通,真懂;坚定理想,真信;联系实际,真用。故 ABCD 项均正确。

20.ABCD【解析】根据所学知识可知,学习马克思主义哲学可以为我们成长成才指明正确方向、提供思想滋养;可以帮助我们树立正确的世界观、人生观和价值观,正确看待自然、社会和人生的变化与发展;可以帮助我们形成科学的思维方法,提高分析问题和解决问题的能力,更好地认识世界和改造世界,走好人生路。故 ABCD 项均正确。

三、判断题

1.×【解析】根据所学知识可知,对哲学掌握的深度决定着人生的高度的说法夸大了哲学对人生的作用。

2.×【解析】根据所学知识可知,哲学是世界观和方法论的统一,科学的哲学是科学的世界观和方法论的统一。

3.×【解析】根据所学知识可知,哲学研究整个世界最普遍、最一般、最本质的问题,而不仅仅是对人生的一种本质的普遍规律问题的思考。

4.×【解析】根据所学知识可知,具体科学是哲学的基础,哲学并不能取代具体科学。

5.×【解析】根据所学知识可知,哲学与具体科学是共性与个性的关系,不是整体与部分的关系,而共性寓于个性。

6.√【解析】根据所学知识可知,具体科学揭示的是自然、社会和思维某一具体领域的规律,哲学对具体科学进行概括和升华,从中抽象出最一般的本质和最普遍的规律。离开具体科学知识,哲学就会干涸和枯萎。

7.√【解析】根据所学知识可知,马克思主义哲学深刻揭示了客观世界,特别是人类社会发展的一般规律,在当今时代依然有着强大生命力,这是因为马克思主义哲学是无产阶级的科学的世界观和方法论,具有与时俱进的理论品质,是时代精神的精华。

8.×【解析】根据所学知识可知,马克思主义哲学为我们提供了科学的世界观和方法论,但没有指明如何走中国特色社会主义道路。

四、简答题

1.(1)哲学是关于世界观的理论体系。世界观是人们对整个世界(包括自然和社会)的根本认识和态度,具有零散性,缺乏理论性。而哲学是对人们形成的世界观加以抽象和概论后,以理论的形式呈现的。(2)哲学是世界观,但世界观并不都是哲学,只有理论化、系统化的世界观才是哲学。

2.(1)具体科学研究的是自然、社会、思维某一具体领域的规律,哲学是从具体科学中抽象出来的普遍规律。如果没有具体科学的研究成果,哲学只能是空中楼阁。(2)哲学为具体科学的研究和发展提供了世界观和方法论的指导,人们都是基于一定的世界观和方法论进行具体科学研究的。

3.学习马克思主义哲学,可以:(1)为我们成长成才指明正确方向、提供思想滋养。(2)帮助我们树立正确的世界观、人生观和价值观,正确看待自然、社会和人生的变化与发展。(3)帮助我们形成科学的思维方法,提高分析问题和解决问题的能力,更好地认识世界和改造世界,走好人生路。

五、材料分析题

1.(1)哲学是世界观和方法论的统一。方法论体现世界观,有什么样的世界观就有什么样的方法论。不存在脱离世界观的方法论,也不存在脱离方法论的世界观。(2)人的思想观念与其为人处世的方式方法是世界观与方法论的关系。人的思想观念决定了其为人处世的方式方法,一个人为人处世的方式方法体现着他的思想观念。

2.(1)具体科学揭示的是自然、社会和思维某一具体领域的规律,哲学对具体科学进行概括和升华,从中抽象出最一般的本质和最普遍的规律。(2)离开具体科学知识,哲学就会干涸和枯萎。(3)哲学为具体科学研究提供世界观和方法论的指导,具体科学的研究活动都是自觉或不自觉地在一定世界观和方法论的指导下进行的。

3.马克思主义行主要体现在马克思主义哲学的科学性、人民性、实践性三方面,而中国化时代化的马克思主义行主要是因为马克思主义哲学具有与时俱进的品质。(1)马克思主义哲学的科学性。马克思主义哲学是一个科学的理论体系,揭示了人类社会的发展规律和世界的本质、规律,科学地预见了人类社会的发展方向。(2)马克思主义哲学的人民性。马克思主义哲学站在人民的立场探求人类解放的道路,为建立一个人人自由、平等、没有剥削、没有压迫的理想社会指明了方向,代表了广大人民的利益。(3)马克思主义哲学的实践性。实践性是马克思主义哲学理论区别于其他理论的显著特征,马克思主义哲学能够直接服务于无产阶级和人民群众改造世界的实践活动。(4)马克思主义哲学具有与时俱进的理论品质。马克思主义哲学不断吸收人类历史上一切优秀的思想文化成果,从实践出发解决哲学问题,然而实践始终在向前发展,理论创新必须随着实践的不断发展而发展。

第 2 课　树立科学的世界观

生活感悟

不同意这种观点。(1)意识是人脑这种特殊物质的机能。人脑是高度发达的物质系统,是意识活动的物质器官。没有高度发达的人脑,就不可能有人类意识。(2)意识是客观世界在人脑中的主观映象。意识是物质的产物,但不是物质本身。(3)人脑是意识的物质基础。人工智能技术无法处理具有显著人类主观意识影响的社会文化和意识领域的各类问题。

习题演练

一、填空题

1.客观实在性

2.劳动

3.自然地理环境;人口因素;物质生产方式

4.自然界长期发展;社会历史发展

5.人脑这种特殊物质

6.客观世界

7.物质;意识;意识;物质

8.某一种或几种具体的物质形态

9.看作世界的本原

10.世界统一于物质

11.世界物质统一性原理

12.无神论

二、选择题

1.A【解析】根据所学知识可知,物质是不依赖于人的意识,并能为人的意识所反映的客观实在。故A项正确,BCD项错误。

2.D【解析】根据所学知识可知,我们坚持无神论,反对有神论,从根本上说不在于它是哪种世界观,而在于它是否符合客观实在,即“神”是否存在。世界是物质的世界,根本不存在上帝、神灵。故D项正确,ABC项错误。

3.D【解析】根据材料可知,《登金陵凤凰台》首联、颔联的意思是凤凰台上曾经有凤凰来这里游憩,而今凤凰已飞走了,只留下这座空台,伴着江水,仍径自东流不停。该诗所蕴含的哲理是自然界和人类社会的存在与发展是客观存在的,是不以人的意志为转移的。故D项正确,ABC项错误。

4.D【解析】根据所学知识可知,生物进化论与人类学研究表明,人作为地球上生物有机体的最高形态,是在自然界发展变化的基础上,通过自己特殊的活动形式——劳动而产生的一种生命形式,而人类社会是物质世界长期发展的产物。故D项正确,ABC项错误。

5.A【解析】根据所学知识可知,人是由自然界的物种古猿进化而来的。在这一转变过程中,劳动发挥了决定性作用。劳动使人真正从动物中走了出来,具有了人的本质。故A项正确,BCD项错误。

6.A【解析】根据所学知识可知,从意识的起源看,它是物质世界长期发展的产物;从意识的内容看,它是客观存在的主观映象;从产生意识的生理基础来看,它是高度发达的物质系统——人脑的机能。故 A 项正确,BCD 项错误。

7.B【解析】根据材料可知,“现代医学研究表明,秋季日照时间变短,人体分泌褪黑素增多,抑制了甲状腺素、肾上腺素的分泌,易使人感到情绪低落”,说明客观环境的变化影响了人的情绪,体现了物质决定意识,世界的真正统一性在于它的物质性;同时,医学的研究成果也说明人能能动地认识世界,意识活动能够把握事物内部的本质和规律。①④说法符合题意。故 B 项正确,ACD 项错误。

8.D【解析】根据材料可知,其体现了客观唯心主义,“未有此气,已有此理”属于客观唯心主义,D 项正确。“气者,理之依也”属于古代朴素唯物主义观点,排除 A 项。“天地之变,阴阳之化”属于古代朴素唯物主义观点,排除 B 项。“存在就是被感知”属于主观唯心主义观点,排除 C 项。

9.C【解析】根据材料可知,“人类仍然是最有趣、最奇特的物种之一,我们是第一个能将知识代代相传的物种”,这说明人类具有区别于其他生物的主观能动性,②说法符合题意。“我们的星球已经存在了 45 亿年之久,生命的出现也有约 35 亿年。相比之下,人类的出现则是比较晚才发生的事情”,这说明人类社会是物质世界长期发展的产物,③说法符合题意。故 C 项正确,ABD 项错误。

10.A【解析】根据材料可知,吉祥物的设计反映的是杭州历史人文、自然生态和创新基因,说明意识的内容是客观的,形式是主观的,意识有自觉选择性和能动创造性,①②说法符合题意。故 A 项正确,BCD 项错误。

11.C【解析】根据材料可知,“婴儿在出生时基本处于本能反应的状态,随着大脑的完善、与社会的不断接触才逐步形成语言、思维等,并对接触到的家人、周围的人和物形成基本的认识”,这反映出意识不是天生的,而是社会的产物,是人脑的机能,是物质的反映。故 C 项正确,ABD 项错误。

12.B【解析】根据材料可知,“天地成于元气,万物成于天地”认为元气是本原,属于古代朴素唯物主义观点。“未有天地之先,毕竟也只是理。有此理,便有此天地”认为客观精神是本原,属于客观唯心主义观点。这两种观点从不同角度回答了思维和存在何者为本原的问题;无论认为元气是本原还是客观精神是本原,都认为客观事物不依赖于主观精神。故 B 项正确,ACD 项错误。

13.C【解析】根据所学知识可知,天与人、形与神、知与行、理与气等的关系实际上就是物质和意识到底谁为世界本原,即物质和意识何者是第一性、何者是第二性。故 C 项正确,ABD 项错误。

14.C【解析】根据材料可知,哲学的基本问题就是物质和意识到底谁为世界本原,即物质和意识何者是第一性、何者是第二性,对这一问题的不同回答,构成了划分唯物主义和唯心主义的标准。故 C 项正确,ABD 项错误。

15.C【解析】根据所学知识可知,古代朴素唯物主义认为世界是由某一种或几种具体的物质形态构成的,如水、火、土、气等。故 C 项正确,ABD 项错误。

16.C【解析】根据材料可知,学习计划与学习实际、教学计划与教学实际、耕作收获的计划与耕作收获的实际、处方与病情的关系,都属于思维和存在的关系问题,没有涉及必然与偶然的关系问题、主流与支流的关系问题和整体和部分的关系问题。故C项正确,ABD项错误。

17.BC【解析】根据材料可知,王弼认为“万物皆由道而生”,把道看成世界的本原,属于客观唯心主义。“理在事先,理生万物,未有此气,已有此理”和“世界上的一切都是绝对精神的外在表现”,这两种观点把“理”和“绝对精神”看成世界的本原,也反映了客观唯心主义的思想。故BC项正确,AD项错误。

18.CD【解析】根据材料可知,“物质是标志客观实在的哲学范畴,这种客观实在是人通过感觉感知的,它不依赖于我们的感觉而存在,为我们的感觉所复写、摄影、反映”,这说明物质的唯一特性是客观实在性,物质独立于人的意识而存在。故CD项正确。列宁对物质的描述是唯物主义观点,但A项是唯心主义的基本观点,A项错误。物质是对具体物质形态的抽象和概括,不是所有具体物质形态之和,B项错误。

19.ABC【解析】根据所学知识可知,自然界的事物是多种多样的,如山川河流、花草树木和鸟兽虫鱼等,但从宏观到微观,从无机到有机,整个自然界都是物质的。物质是不依赖于人的意识,并能为人的意识所反映的客观实在。故ABC项正确,D项错误。

20.BD【解析】根据材料可知,其中的两种观点,前者为唯心主义,后者为唯物主义。两种观点是对哲学基本问题的讨论,即物质和意识何者是第一性、何者是第二性。故BD项正确,AC项错误。

三、判断题

1.×【解析】根据所学知识可知,物质是不依赖于人的意识,并能为人的意识所反映的客观实在。物质的唯一特性是客观实在性。

2.×【解析】根据所学知识可知,意识是物质世界长期发展的产物。

3.√【解析】根据所学知识可知,物质是不依赖于人的意识,并能为人的意识所反映的客观实在。物质的唯一特性是客观实在性。

4.√【解析】根据所学知识可知,近代机械唯物主义把自然科学中不可再分的、最小的物质结构如原子看作世界的本原。

5.√【解析】根据所学知识可知,人类社会最基本的社会实践活动是生产劳动,生产劳动是一种物质性活动,是人与自然之间的物质变换过程。

6.×【解析】根据所学知识可知,我们要划清无神论与封建迷信的界限,认真学习现代科学文化知识,提升自己识别各种唯心主义思想和表现的能力,防止封建迷信腐朽思想的侵蚀、渗透。

7.√【解析】根据所学知识可知,尊重宗教信仰自由与宣传无神论并不矛盾,全社会要积极开展科学世界观和无神论宣传教育,营造文明健康、崇尚科学的社会风尚。

8.×【解析】根据所学知识可知,世界物质统一性原理要求我们,必须坚持无神论,反对封建迷信。无神论认为,世界是物质的,世界上没有神、鬼、天堂、地狱等超自然的力量,其本质是唯物主义的。

四、简答题

1.世界的物质性主要体现自然界的物质性和人类社会的物质性两个方面。(1)自然界的物质性。整个自然界都是物质的,自然界的事物都是物质世界的组成部分。(2)人类社会的物质性。人类社会是物质世界长期发展的产物,在本质上是物质的。

2.意识是客观世界在人脑中的主观映象。世界是物质的世界,意识是物质的产物,物质是客观存在的,因此说意识在内容上是客观的。意识又是人脑的机能,意识的产生过程是一个主观调控过程,意识对客观事物的反映有具体的、抽象的,正确的、错误的,真实的、虚幻的,因此说意识在形式上是主观的。

3.(1)唯物主义包含古代朴素唯物主义、近代机械唯物主义、辩证唯物主义和历史唯物主义三种基本形态:①古代朴素唯物主义认为世界是由某一种或几种具体的物质形态构成的,如水、火、土、气等;②近代机械唯物主义把自然科学中不可再分的、最小的物质结构如原子看作世界的本原;③辩证唯物主义和历史唯物主义认为世界统一于物质,物质是不依赖于人的意识,并能为人的意识所反映的客观实在。客观实在性是物质的唯一特性。(2)唯心主义包含主观唯心主义和客观唯心主义两种基本形态:①主观唯心主义认为世界是人的主观精神(如人的目的、意志、感觉、经验、心灵等)的产物;②客观唯心主义把客观精神(如上帝、理念、绝对精神等)看作世界的本原,认为现实的物质世界只是这些客观精神的外化和表现。

五、材料分析题

1.(1)物质决定意识,要坚持一切从实际出发,实事求是。企业家作为经济活动的重要主体,肩负着繁荣市场、发展经济的时代重任,弘扬企业家精神是实现第二个百年奋斗目标、实现中华民族伟大复兴的中国梦的现实需要。(2)意识对物质具有能动的反作用,正确的意识能推动客观事物的发展。企业家作为经济活动的重要主体,肩负着繁荣市场、发展经济的时代重任,弘扬企业家精神,有利于构建新发展格局、建设现代化经济体系、推动高质量发展。

2.(1)自然界中的事物是按照自身所固有的规律形成和发展的,都是统一的物质世界的组成部分。这要求我们一切从实际出发,实事求是,尊重自然、顺应自然、保护自然,与自然和谐相处。(2)该市启动“青春护河五大行动”,正是根据该市水资源污染的现状作出的正确决策,是坚持一切从实际出发,使主观符合客观的生动体现,是尊重自然、顺应自然、保护自然,与自然和谐相处的表现。

3.材料 1 属于唯心主义观点,材料 2 属于唯物主义观点。(1)唯心主义认为世界的本原是意识,物质依赖于意识,意识决定物质。(2)唯物主义认为世界的本原是物质,先有物质后有意识,物质决定意识。

第 3 课　追求人生理想

生活感悟

(1)发挥自己的主观能动性,脚踏实地,从身边的小事做起,不断学习,刻苦钻研,掌握过硬的本领,通过实践实现理想。(2)①理想源于现实却又高于现实。理想产生于人类的社会实践活动,不可能脱离现实而存在。但是理想又是人们对美好未来的向往和追求,能够超越现实,为人们提供前进的动力,激发人们为创造美好生活而努力奋斗。②理想可以转化为现实。只有把远大的理想寓于具体的行动,从小事做起,从身边的事做起,才能一步一个脚印地实现人生理想。如果空谈理想、眼高手低、浅尝辄止,最终只能一事无成。

习题演练

一、填空题

1.运动

2.永恒的;绝对的;有条件的;相对的

3.客观规律性

4.主观能动性

5.一切从实际出发;实事求是

6.脚踏实地

7.社会理想

8.中国特色社会主义;中华民族伟大复兴;共产主义

二、选择题

1.C【解析】根据材料可知,“天行有常,不为尧存,不为桀亡”的意思是社会发展有其特定的规律,不会因为尧是明君就存在,也不会因为桀是暴君而消失。这说明规律是不以人的意志为转移的,具有客观性。故C项正确,ABD项错误。

2.D【解析】根据材料可知,党中央高度重视对中华民族精神的传承和弘扬,是因为正确的意识对事物的发展起促进作用,D项正确。实践具有直接现实性,意识不具有直接现实性,不可以直接改造客观事物,A项错误。意识的能动性有正确与错误之分,正确的意识指导事物向正确的方向发展,错误的意识则相反,B项错误。无论是正确的意识,还是错误的意识,都反作用于客观事物,C项错误。

3.C【解析】根据所学知识可知,实现理想要脚踏实地。只有把远大的理想寓于具体的行动中,从小事做起,从身边的事做起,才能一步一个脚印地实现人生理想。故C项正确,ABD项错误。

4.B【解析】根据所学知识可知,理想源于现实又高于现实,B项错误。理想是人们对美好未来的向往和追求,是激励人们奋发向上、不断进取的强大精神动力。理想是人的主观能动性的一种表现,一经确立就会对人的行动产生巨大的影响,提供前进动力,指引人生方向,ACD项正确。本题为选非题,故选B项。

5.C【解析】根据所学知识可知,中职学生在确立自己的人生理想时,应一切从实际出发,实事求是,结合自身实际,切忌好高骛远、盲目跟风。故C项正确,ABD项错误。

6.C【解析】根据所学知识可知,今天我们的社会理想是在中国共产党的领导下坚持和发展中国特色社会主义,实现中华民族伟大复兴,这是全体中国人民现阶段的共同理想。故C项正确,ABD项错误。

7.D【解析】根据所学知识可知,中职学生在追求人生理想的过程中,要正确处理好理想与现实、个人与社会、眼前利益与长远利益的关系,要勤奋学习、刻苦钻研,掌握过硬本领,为实现人生理想打下坚实的基础。故D项正确,ABC项错误。

8.B【解析】根据材料可知，廖俊波用生命践行了一名干部“忠诚、干净、担当”的要求，他牺牲后，微信上几十万人次的悼念评论寄托着对这位普通“砍柴人”的哀思，这表明了坚定的理想信念是实现人生价值的重要导向，人既是价值的创造者，也是价值的享受者，②④说法正确。故 B 项正确，ACD 项错误。

9.B【解析】根据材料可知，“广大青年要勇敢肩负起时代赋予的重任，志存高远，脚踏实地，努力在实现中华民族伟大复兴的中国梦的生动实践中放飞青春梦想”，积极参加社会实践，承担社会责任，B 项符合题意。该材料的主旨不是强调青年学生要“树立崇高理想，明确人生目标”“立足个人实际，不好高骛远”，也不是强调青年学生要树立正确的价值观，积极进取，排除 ACD 项。

10.B【解析】根据材料可知，“追梦的道路是艰辛的，但我们都应该努力奔跑，奋力前行”，说明奋斗才能成就人生梦想，B 项正确。理想源于现实却又高于现实，A 项错误。顺境为我们的成长创造了有利条件，逆境对弱者而言可能将其压垮，C 项错误。希望有利于目标的实现，但不起决定作用，D 项错误。

11.D【解析】根据所学知识可知，社会政治理想属于社会理想。故 D 项正确，ABC 项错误。

12.D【解析】根据材料可知，意识活动具有目的性，人们的防灾实践需要在防灾目标的指导下开展。故 D 项正确，ABC 项错误。

13.D【解析】根据材料可知，“科幻作为一种思维方式已经深入我们的生活，它代表用想象力构建的思维实验室。技术发展给人类打开希望的大门，让我们有更多机会创造美好的未来”，体现了意识活动能够创造出一个科幻的世界，思维着的精神是“地球上最美的花朵”，②④说法符合题意。故 D 项正确，ABC 项错误。

14.B【解析】根据材料可知，“入山问樵，入水问渔”的意思是上山要向樵夫问山路，渡河要向渔夫问水情，表明要根据实际情况分析处理问题。故 B 项正确，ACD 项错误。

15.D【解析】根据所学知识可知，理想是人们对美好未来的向往和追求，是激励人们奋发向上、不断进取的强大精神动力。理想是人的主观能动性的一种表现，一经确立就会对人的行动产生巨大的影响，提供前进动力，指引人生方向，ABC 项正确，D 项错误。本题为选非题，故选 D 项。

16.D【解析】根据材料可知，“每年冬去春来，从小寒到谷雨的八个节气二十四候里，每候都有某种花卉迎蕾开放，带来开花音讯的风候”，这体现了事物的运动是客观的，是有规律的，规律是事物运动过程中固有的、本质的、必然的、稳定的联系，②④说法符合题意。故 D 项正确，ABC 项错误。

17.AC【解析】根据所学知识可知，任何事物都处在运动之中，完全静止的事物是不存在的。故 A 项正确，B 项错误。运动是永恒的、绝对的，而静止是有条件的、相对的。故 C 项正确，D 项错误。

18.ABC【解析】根据所学知识可知，理想源于现实，又高于现实。理想是在社会实践活动的基础上所产生的认识，理想离开了现实就会成为无源之水、无本之木，二者是对立统一的关系，ABC 项正确。实现理想要脚踏实地，如果空谈理想、眼高手低、浅尝辄止，最终只能一事无成，D 项错误。

19.ABCD【解析】根据所学知识可知,实现理想要脚踏实地。只有把远大的理想寓于具体的行动中,从小事做起,从身边的事做起,才能一步一个脚印地实现人生理想。青少年时期是人生最好的学习阶段,我们要勤奋学习、刻苦钻研,掌握过硬本领,为实现人生理想打下坚实的基础。故ABCD项均正确。

20.CD【解析】根据材料可知,戍边英烈用青春热血换来和平、团圆,启示我们要坚定理想信念,坚守使命担当,崇尚崇高生活,凝聚人生价值,而不是提高个人素质,CD项符合题意,A项不符合题意。该材料还说明坚持正确价值观的引领作用,但并不能规定人生方向,B项说法错误。

三、判断题

1.×【解析】根据所学知识可知,任何事物都处在运动之中,完全静止的事物是不存在的。运动是永恒的、绝对的,而静止是有条件的、相对的。

2.√【解析】根据所学知识可知,物质运动具有客观规律性。人的存在和发展具有客观规律性。

3.×【解析】根据所学知识可知,规律具有普遍性,没有规律的物质运动是不存在的。

4.×【解析】根据所学知识可知,人不是被动的、依靠本能生存的。人与其他生物的不同,在于人可以正确发挥主观能动性,积极主动地创造美好人生。

5.√【解析】根据所学知识可知,人能够自觉地、有目的地、有计划地作用于客观世界,这就是人的主观能动性,亦称自觉能动性,是人所特有的一种能力。

6.√【解析】根据所学知识可知,理想是人的主观能动性的一种表现,一经确立就会对人的行动产生巨大的影响,提供前进动力,指引人生方向。

7.×【解析】根据所学知识可知,个人理想以社会理想为指引。每个人一生下来就置身于一定的社会关系中,个人理想的追求和实现归根结底是在社会实践中进行的。因此,个人理想应当在目标方向上与社会理想相一致,与社会理想同向同行。

8.√【解析】根据所学知识可知,今天我们的社会理想是在中国共产党的领导下坚持和发展中国特色社会主义,实现中华民族伟大复兴,这是全体中国人民现阶段的共同理想。

四、简答题

1.(1)规律是事物运动过程中所固有的、本质的、必然的、稳定的联系。(2)①规律是客观的,是不以人的意志为转移的,既不能被创造,也不能被消灭;②规律具有普遍性,没有规律的物质运动是不存在的。

2.(1)理想源于现实,又高于现实。理想产生于人类的社会实践活动,不可能脱离现实而存在。但是理想又是人们对美好未来的向往和追求,能够超越现实,为人们提供前进的动力,激发人们为创造美好生活而努力奋斗。(2)理想可以转化为现实。确定理想后,应脚踏实地,从身边的小事做起,不断学习,刻苦钻研,掌握过硬的本领,通过实践实现理想。

3.(1)个人理想以社会理想为指引。每个人一生下来就置身于一定的社会关系中,个人理想的追求和实现归根结底是在社会实践中进行的。因此,个人理想应当在目标方向上与社会理想相一致,与社会理想同向同行。(2)社会理想是个人理想的凝练和升华。社会是个人的联合体,社会理想归根到底要靠社会全体成员的共同努力来实现。

五、材料分析题

1.(1)物质决定意识,意识对物质具有反作用。该校根据学生身心发展的特点,结合地方民俗和文化,开设各类劳动教育课程,体现了坚持唯物主义立场;该校劳动教育促进学生全面发展,体现了树立正确意识可以促进事物发展。(2)物质运动具有客观规律性,发挥主观能动性能够认识和利用规律。该校根据学生身心发展的特点,结合地方民俗和文化,开设各类劳动教育课程,把尊重客观规律和发挥主观能动性结合,坚持了一切从实际出发,实事求是,劳动教育取得显著成效。

2.(1)针对小文观点的劝说:理想是人们对美好未来的向往和追求,是激励人们奋发向上、不断进取的强大精神动力,能够指引人生方向。一味依赖优越的家庭条件,缺乏理想追求,会影响人生发展。(2)针对小陆观点的劝说:理想源于现实,又高于现实,可以超越现实并转化为现实。理想的实现需要脚踏实地,不能因为遇到困难就用现实否定理想。放弃理想的追求会失去前进的动力。

3.(1)理想与现实是对立统一的。理想源于现实,又高于现实,理想可以超越现实并转化为现实。实现理想要脚踏实地,要把对理想的追求落实到具体行动中。当代中国青年要坚定理想信念,努力为全面建设社会主义现代化国家贡献力量。(2)个人理想和社会理想是对立统一的。个人理想以社会理想为指引,社会理想是个人理想的凝练和升华。当代中国青年要在社会理想的指引下,自觉把个人理想融入社会理想,为实现中华民族伟大复兴作贡献。

第二单元　辩证看问题　走好人生路

第 4 课　用联系的观点看问题

生活感悟

(1)世界是普遍联系的,我们要用联系的观点看问题。劳动教育与德育、智育、体育、美育相辅相成,把劳动教育贯穿家庭、学校、社会各方面,通过各方面的共同努力,有利于在全社会形成崇尚劳动、尊重劳动的社会氛围,促进学生的全面发展、健康成长。(2)整体与部分是辩证统一的,要求我们树立全局观念,从整体着眼,同时要重视局部,使整体功能得到最大限度发挥。人才的成长和培养是一个系统工程,把准劳动教育价值取向,贯通大中小学各学段,能增强学生对劳动人民的感情,激励他们报效国家、奉献社会,成为中国特色社会主义事业的建设者和接班人。

习题演练

一、填空题

1.事物;事物内部诸要素

2.客观;多样;条件

3.联系

4.孤立;片面

5.转移

6.固有的联系

7.外部;非本质;偶然

8.全局;局部

9.系统;整体;全局

10.和谐共生

11.和谐

12.身心和谐

二、选择题

1.A【解析】根据材料可知,废报纸、再生纸、树之间的联系说明联系具有多样性,事物的联系是多种多样的,A 项正确。联系具有条件性,B 项错误。联系具有客观性,联系是事物本身所固有的,不以人的意志为转移,CD 项错误。

2.D【解析】根据材料可知,二者都说明联系具有普遍性,所有事物都同其他事物处于一定的联系之中,D 项正确。事物的联系是多种多样的,有直接联系和间接联系、内部联系和外部联系、本质联系和非本质联系、必然联系和偶然联系等,ABC 项错误。

3.C【解析】根据材料可知,任何具体的联系都依赖一定的条件,随着条件的改变,事物之间及事物内部各要素之间联系的性质和方式也会发生变化,BD 项错误,C 项正确。联系具有客观性,联系是事物本身所固有的,不以人的意志为转移,A 项错误。

4.D【解析】根据材料可知,事物的联系是多种多样的,有直接联系和间接联系、内部联系和外部联系、本质联系和非本质联系、必然联系和偶然联系等;联系具有客观性,联系是事物本身所固有的。故 D 项正确,ABC 项错误。

5.B【解析】根据材料可知,任何具体的联系都依赖一定的条件,随着条件的改变,事物之间及事物内部各要素之间联系的性质和方式也会发生变化,B 项正确。联系具有多样性,联系的多样性要求我们善于把握事物复杂多样的联系,A 项错误。联系和规律都具有客观性,CD 项错误。

6.D【解析】根据所学知识可知,联系具有多样性,事物的联系是多种多样的。故 D 项正确,ABC 项错误。

7.C【解析】根据材料可知,联系的普遍性要求我们把整个世界看作相互联系的统一整体,反对孤立地、片面地看问题,C 项正确。联系具有普遍性、客观性和条件性,ABD 项错误。

8.B【解析】根据所学知识可知,联系的条件性要求我们一切以时间、地点和条件为转移,正确分析和把握事物存在和发展的各种条件。故 B 项正确,ACD 项错误。

9.D【解析】根据所学知识可知,“牵一发而动全身”比喻极小的动荡就会影响全局,体现了部分对整体的影响。故 D 项正确,ABC 项错误。

10.A【解析】根据材料可知,“几种原料混在一起炒出来的菜,会具有任何一种原料所不具备的美妙味道”说明整体具有部分所不具备的功能,①说法正确。整体与部分相互联系,密不可分,整体制约着部分,部分又构成整体,二者属于辩证统一的关系,②说法错误。我们在生活和工作中,要注重系统的结构优化,善于把各个部分、各个要素联系起来考察,使整体功能大于部分功能之和,③说法正确,④说法错误。故 A 项正确,BCD 项错误。

11.C【解析】根据材料可知,新合肥西站使合肥枢纽运输组织更加灵活,对促进地区交通一体化和区域经济社会发展产生深远影响,这主要表明部分影响整体,我们要重视部分的作用,用局部的发展推动整体的发展。故 C 项正确,ABD 项错误。

12.C【解析】根据材料可知,高速公路两侧边坡和建筑物上铺设有风光发电设施,构建了交通与能源融合的智慧系统,这反映了人类积极探索把握交通与能源间的联系。故 C 项正确,ABD 项错误。

13.B【解析】根据材料可知,海洋牧场建设说明人们能通过实践将自在事物的联系转化为人为事物的联系,也说明只有符合规律的正确意识才能正确有效发挥能动作用,①④说法符合题意。故 B 项正确,ACD 项错误。

14.A【解析】根据材料可知,通过机器人的融合应用加速农业、工业、服务业的智能转型,在更高层次壮大机器人产业规模,丰富产业发展形态,说明事物间的相互联系相互作用构成事物的发展,人能根据事物固有联系建立新的具体联系,①②说法正确。故 A 项正确,BCD 项错误。

15.B【解析】根据所学知识可知,做到人与自然和谐共生,需要把发挥主观能动性与尊重客观规律结合起来,②说法符合题意。做到人与自然和谐共生,需要树立正确的意识,④说法符合题意。故 B 项正确,ACD 项错误。

16.D【解析】根据材料可知,构建人类命运共同体,实现合作共赢。这一理念表明要树立全局观念,达到整体功能大于部分功能之和的效果。故 D 项正确,ABC 项错误。

17.CD【解析】根据所学知识可知,联系具有普遍性,世界上没有孤立存在的事物,任何事物都与周围其他事物有着这样或那样的联系。故 CD 项正确,AB 项错误。

18.BCD【解析】根据所学知识可知,部分是事物的局部或发展的各个阶段。整体制约着部分,没有整体便没有部分;整体的功能、状态及其变化会影响部分。整体是由部分构成的,没有部分便没有整体;部分的功能及其变化会影响整体的功能,关键部分的功能及其变化甚至对整体的功能起决定作用。在认识和处理人生问题时,要运用系统观念,立足整体,统筹全局。故 A 错误,BCD 正确。

19.AB【解析】根据材料可知,各部门协同合作,提供积水地图,为居民生活提供便利,是用综合的思维方式去掌握系统优化方法,A 项正确。充分运用大数据、物联网等新技术,发布积水地图,为人民群众提供方便,说明人们可以根据事物的固有联系建立新的具体联系,B 项正确。具体问题具体分析是解决矛盾的关键,C 项错误。自在事物的联系是人为事物的联系的基础,但人为事物的联系与自在事物的联系不是相互依存相互转化的关系,排除 D 项。

20.AD【解析】根据材料可知,我们要坚持运用系统优化综合的思维方式分析和解决问题,注重事物内部结构优化,着眼于整体功能的最大发挥,AD 项正确。要从实际出发,而不能从科学理论出发,B 项错误。应立足整体,而不是立足于关键部分,C 项错误。

三、判断题

1.×【解析】根据所学知识可知,联系具有普遍性是指世界上没有孤立存在的事物,任何事物都与周围其他事物有着这样或那样的联系,并非任何两个事物之间都有联系。

2.×【解析】根据所学知识可知,任何具体的联系都依赖一定的条件,随着条件的改变,事物之间及事物内部各要素之间联系的性质和方式也会发生变化。

3.√【解析】根据所学知识可知,联系具有客观性,联系是事物本身所固有的,不以人的意志为转移。

4.√【解析】根据所学知识可知,系统是由相互联系和相互作用的诸要素构成的统一整体。我们在生活和工作中,要注重系统的结构优化,善于把各个部分、各个要素联系起来考察,使整体功能大于部分功能之和。

5.×【解析】根据所学知识可知,联系具有客观性,联系是事物本身所固有的,不以人的意志为转移。

6.×【解析】根据所学知识可知,人与自然是生命共同体,人类在同自然的互动中生产、生活、发展,人类要尊重自然、顺应自然、保护自然。

7.√【解析】根据所学知识可知,在认识和处理人生问题时,要运用系统观念,立足整体,统筹全局,同时,要重视部分的作用,善于抓住关键部分。

8.√【解析】根据所学知识可知,在人生发展历程中,我们要充分认识到个人与社会的紧密联系,重视社会对个人发展的作用,不能自我封闭、孤芳自赏。

四、简答题

1.(1)从无机界到有机界,从自然界到人类社会和人的思维,所有事物都同其他事物处于一定的联系之中。(2)事物内部的各个部分和要素之间也是相互联系的。(3)整个世界就是一个无限复杂的相互联系的整体,每一个事物都是这个相互联系的整体中的一部分或一个环节。(4)联系的普遍性要求我们把整个世界看作相互联系的统一整体,反对孤立地、片面地看问题。

2.整体与部分是相互联系、密不可分的。(1)整体由相互联系着的各个部分构成,离开了部分,整体将不复存在;部分是整体中的某个或某些要素,不能脱离整体孤立存在。(2)部分的功能及其变化会对整体的功能产生影响,整体所具有的质不同于各部分在分散、孤立状态下所具有的质,在系统结构优化的情况下,整体的功能大于它的各部分的功能的总和。

3.(1)要学会用联系的观点正确认识和处理人与自然的关系,实现人与自然和谐共生。(2)要学会用联系的观点正确认识和处理个人与社会的关系,实现人与社会的和谐。(3)要学会用联系的观点正确认识和处理人与自身的关系,促进自我身心和谐。

五、材料分析题

1.(1)联系具有普遍性,要把整个世界看作相互联系的统一整体,反对孤立地、片面地看问题。首钢滑雪大跳台实现了工业遗产和冬奥赛场的完美结合。(2)联系具有客观性,是不以人的意志为转移的。人们可以根据事物固有的联系,改变事物的状态,调整原有的联系,建立新的联系。该材料中的各种改造表明,人们可以通过实践,调整事物之间原有的联系,建立新的联系。

2.笼统地说细节决定成败是片面的。(1)整体和部分相互联系、相互影响。部分的性能及其变化会影响到整体,甚至在一定条件下,关键部分的性能对整体性能、状态起着决定作用。从这个角度讲,关键的细节决定成败。(2)整体和部分有着严格的区别,其地位和功能是不相同的。一般来说,整体处于主导地位,而部分则处于从属地位,从这个意义上说,细节无法替代整体的功能,细节不可能决定成败。(3)我们想问题、办事情,既要树立全局观念,从整体上把握事物,又要重视局部,特别是关键的局部,使整体功能得到最大发挥。

3.(1)整体居于主导地位,整体统率着部分,要树立全局观念,实现整体的最优目标;部分影响整体,要重视部分的作用,用局部的发展推动整体的发展。(2)干事创业要"致广大",有远大的目标规划;要"尽精微",把远大的目标规划落实落细,积微成著。(3)要统筹兼顾"致广大"和"尽精微",把远大的目标和脚踏实地的工作作风结合起来。

第 5 课　用发展的观点看问题

生活感悟

(1)事物是发展的,要求我们用发展的观点处理人生问题。事物发展是螺旋式上升、波浪式前进的过程,事物发展的前途是光明的,道路是曲折的。事物发展的量变是质变的必要准备,质变是量变的必然结果。(2)李豪热爱体育事业,树立远大理想,坚定为国争光的信念;乐观向上、不自暴自弃,树立战胜逆境的信心;看到自身差距,用心观摩、虚心求教,脚踏实地,强化训练,注重量的积累,实现质的飞跃。

习题演练

一、填空题

1.自然界;人类社会;人的认识

2.新事物;旧事物

3.客观规律;发展前途;必然趋势

4.光明;曲折

5.螺旋式;波浪式

6.量变;质变

7.必要准备;必然结果

8.量

9.质

10.有利条件

11.挫折

12.忧患;乐观向上

二、选择题

1.B【解析】根据材料可知,“沉舟侧畔千帆过,病树前头万木春”采用了比喻的手法,以“沉舟”“病树”比喻旧事物的衰退,以“千帆”“万木”比喻新事物的蓬勃,新事物的产生和旧事物的灭亡,体现了发展的观点。故B项正确,ACD项错误。

2.C【解析】根据所学知识可知,新事物符合客观规律、具有强大生命力和远大发展前途;旧事物违背事物发展的必然趋势,最终会走向灭亡。故C项正确,ABD项错误。

3.B【解析】根据所学知识可知,新事物刚出现时,不可避免地存在弱点和不完善的地方,而旧事物此时还比较强大,总是极力扼杀新事物。新事物战胜旧事物不可能一蹴而就,必然会经历一个曲折的过程。故B项正确,ACD项错误。

4.C【解析】根据所学知识可知,量变是质变的必要准备,质变是量变的必然结果。事物的发展总是从量变开始,量变达到一定程度必然引起质变。因此量变和质变的根本区别在于事物的变化是否超出度的界限。故C项正确,ABD项错误。

5.D【解析】根据所学知识可知,人生是一个发展的过程,我们要脚踏实地,注重量的积累。要抓住时机,实现质的飞跃。故D项正确,ABC项错误。

6.A【解析】根据所学知识可知,事物的发展总是从量变开始,量变达到一定程度必然引起质变,A项正确。量变与质变是事物变化的两种基本状态或形式,量变是质变的必要准备,质变是量变的必然结果,BCD项错误。

7.A【解析】根据所学知识可知,事物的发展是螺旋式上升、波浪式前进的过程,即事物发展的总趋势是前进的、上升的。故A项正确,BCD项错误。

8.B【解析】根据所学知识可知,我们要用发展的观点正确认识和处理人生道路上的顺境与逆境。在逆境中,不要消极悲观、畏难退缩、自暴自弃,而要冷静思考、善于反思,以乐观向上的心态勇于面对困难,应对挫折,从而渡过逆境,迎来顺境。故B项正确,ACD项错误。

9.C【解析】根据所学知识可知,新事物是指符合客观规律、具有强大生命力和远大发展前途的事物,旧事物违背事物发展的必然趋势,最终会走向灭亡。在社会历史领域中,新事物符合历史发展的必然趋势,反映了社会进步的基本要求,符合人民群众的根本利益,得到了人民群众的支持和拥护,因而必然战胜旧事物。故C项正确,ABD项错误。

10.C【解析】根据材料可知,随着时代的发展,对文盲的认识更加深刻,体现了人的认识在不断地变化发展。故C项正确,ABD项错误。

11.A【解析】根据材料可知,人工智能属于新事物,我们对其进行包容审慎监管说明我们要热心支持和保护新事物;新事物的成长过程会遇到各种各样的问题,但是我们要坚信其前途是光明的,要用发展的观点看问题,①③说法符合题意。故A项正确,BCD项错误。

12.A【解析】根据材料可知,“稻草原理”表明量变积累达到一定程度会引起质的变化。故A项正确,BCD项错误。

13.B【解析】根据材料可知,“必须勇于进行具有许多新的历史特点的伟大斗争,准备付出更为艰巨、更为艰苦的努力”,这说明要作好量的准备,脚踏实地,为质变创造条件。故 B 项正确,ACD 项错误。

14.A【解析】根据材料可知,这句话意思是“勤学就像春苗,虽然看不见增长,但每天都在成长;停学就像磨刀的石头,虽然看不见减少,但石头其实每天都在损失”,说明要重视量的积累。故 A 项正确,BCD 项错误。

15.D【解析】根据材料可知,在哲学史上,唯物主义与唯心主义、辩证法与形而上学之间的对立和斗争长期存在,这是哲学史上的“两个对子”。“观念的东西不外是移入人的头脑并被人的头脑改造过的物质的东西而已”是唯物主义的观点,“有条件要上,没条件也要上”是夸大了意识作用的唯意志主义,即唯心主义的观点。故 D 项正确,ABC 项错误。

16.C【解析】根据材料可知,要弘扬探月精神,服务国家发展大局,一步一个脚印开启星际探测新征程,不断为推进中国航天事业创新发展作出新的更大贡献。这启示我们量变是质变的必要准备,没有量变就没有质变,也体现了人类能认识事物的本质和规律并能动改造世界,②④说法正确。故 C 项正确,ABD 项错误。

17.ABC【解析】根据所学知识可知,发展的实质是新事物的产生和旧事物的灭亡。新事物符合客观规律、具有强大生命力和远大发展前途,因而必然战胜旧事物。故 ABC 项正确,D 项错误。

18.BD【解析】根据材料可知,自动驾驶需要经历从低速到高速、从载物到载人、从商用到民用等阶段才能逐步走向成熟,这表明自动驾驶作为新事物总要经历一个由小到大、由不完善到比较完善的过程,也要经历“量变—质变—新的量变—新的质变”的过程。故 BD 项正确,AC 项错误。

19.ABCD【解析】根据所学知识可知,量变与质变是事物变化的两种基本状态或形式。量变是质变的必要准备,质变是量变的必然结果,二者是辩证统一的关系,事物的发展总是从量变开始,量变达到一定程度必然引起质变。故 ABCD 项均正确。

20.ABCD【解析】根据所学知识可知,人生是一个发展的过程,我们要脚踏实地,注重量的积累。同时要抓住时机,实现质的飞跃。在量变已经达到一定程度,只有改变事物原有的性质才能向前发展时,要果断地抓住时机,促成质变,实现事物的飞跃。人生发展有顺境也有逆境。我们要用发展的观点正确认识和处理人生道路上的顺境与逆境。在逆境中,不要消极悲观、畏难退缩、自暴自弃,而要冷静思考、善于反思,以乐观向上的心态勇于面对困难,应对挫折,从而度过逆境,迎来顺境。故 ABCD 项均正确。

三、判断题

1.√【解析】根据所学知识可知,发展的实质是新事物的产生和旧事物的灭亡,因此发展是一种运动变化,但运动变化不一定是发展。

2.×【解析】根据所学知识可知,新事物的发展总要经历一个由小到大、由弱变强、由不完善到比较完善的过程。在新事物刚出现时,不可避免地存在着弱点和不完善的地方。

3.×【解析】根据所学知识可知,量变达到一定程度才会引起质变。

4.×【解析】根据所学知识可知,量变是质变的必要准备,质变是量变的必然结果。

5.√【解析】根据所学知识可知,新事物符合历史发展的必然趋势,反映了社会进步的基本要求,符合人民群众的根本利益,得到了人民群众的支持和拥护,因而必然战胜旧事物。

6.√【解析】根据所学知识可知,我们要对新事物的发展抱有充分的信心,热情支持新事物,促使其成长、壮大。

7.×【解析】根据所学知识可知,量变是质变的必要准备,质变是量变的必然结果。没有量变就没有质变,没有质变也可以有量变。

8.√【解析】根据所学知识可知,事物的发展总是从量变开始,量变达到一定程度必然引起质变。质变又为新的量变开辟道路,在新质的基础上事物又开始新的量变。如此循环往复,构成了事物变化发展的全过程。

9.√【解析】根据所学知识可知,顺境为人生发展提供机遇和有利条件,可以让我们的才能得到充分的发展,但也容易使人安于现状,缺乏危机感和奋斗的动力。逆境会使我们受到一时的挫折,但只要我们正确对待,就可以磨炼意志,积累经验,促使我们奋发向上。

10.√【解析】根据所学知识可知,我们要用发展的观点正确认识和处理人生道路上的顺境与逆境。在逆境中,不要消极悲观、畏难退缩、自暴自弃,而要冷静思考、善于反思,以乐观向上的心态勇于面对困难,应对挫折,从而度过逆境,迎来顺境。

四、简答题

1.(1)自然界是发展的。自然界处在由低级到高级、由简单到复杂的运动过程中。(2)人类社会是发展的。社会形态的依次更替表明,人类社会是一个不断发展的过程。(3)人的认识是发展的。每个人的知识积累都会经历一个由不知到知、由知之不多到知之较多的过程,对事物的认识有一个由浅入深的过程。

2.(1)唯物辩证法认为,发展的实质是新事物的产生和旧事物的灭亡。(2)新事物是符合客观规律、具有强大的生命力和远大的发展前途的事物。新出现的事物不一定就是新事物。

3.(1)事物的发展是一个由小到大、由弱变强、由不完善到比较完善的过程,表现为新事物的产生和旧事物的灭亡。但是新事物战胜旧事物不可能一蹴而就,而是一个曲折的过程。(2)新事物在刚出现时往往比较弱小,并且存在较多不足,而旧事物往往比较强大,旧事物总是顽强抵抗和极力扼杀新事物。

五、材料分析题

1.(1)事物发展的前途是光明的,道路是曲折的。既要对新事物的发展抱有充分的信心,又要克服前进道路上的困难,勇敢接受挫折与考验。(2)科研攻关是一个在曲折中前进的过程。要充满信心勇气,不畏艰难困苦,发扬创新精神,形成创新成果。要接受挫折挑战,探索失败原因,汲取经验教训。既要反对急于求成,又要避免丧失信心。

2.(1)量变是质变的必要准备,这就要求我们做任何事情都要重视量的积累。只有每个人都积极践行社会主义道德建设,才能提高全社会的道德水平。(2)质变是量变的必然结果,这就要求我们在量变达到一定程度时,积极促成质变,每个人勇于承担道德责任,才能不断促进社会道德水准提高,从而促进社会发展。(3)事物的发展总是从量变开始引起质变,在新质的基础上又开始新的量变,这就要求我们每个人都不断提高道德水平,为社会主义道德建设作出新的贡献。

3.(1)世界是永恒发展的,要用发展的观点看问题。要把按照经济社会发展规律办事的要求落到实处,全面推进共同富裕。(2)事物发展的前途是光明的,道路是曲折的。既要对全体人民共同富裕充满信心,又要认识其长期性、艰巨性和复杂性,勇敢地面对挫折与考验。(3)量变是质变的必要准备,质变是量变的必然结果。共同富裕要脚踏实地,重视量的积累,逐步推进。要善于抓住时机,促成质变,实现全体人民共同富裕。

第 6 课　用对立统一的观点看问题

生活感悟

矛盾的同一性和斗争性共同作用,使得矛盾成为事物发展的源泉和动力。其中,矛盾的同一性表现在三个方面:(1)矛盾双方互相依赖,共同存在于一个统一体中,为事物的存在和发展提供了必要的前提和条件;(2)矛盾双方相互渗透,吸取对方的有利因素而使自身得到发展;(3)在一定条件下,矛盾双方可以相互转化,规定着事物发展的趋势。矛盾的斗争性表现在两个方面:(1)矛盾双方力量此消彼长,体现了量的积累,为质变做准备;(2)矛盾达到极限时分解,实现事物的质变。

习题演练

一、填空题

1.对立;统一

2.同一性;斗争性

3.联系;依存

4.排斥;对立

5.寓于

6.支配;决定;从属;决定

7.支配;主导;被支配;从属

8.主要矛盾的主要方面

9.主要矛盾;次要矛盾;主要方面;次要方面

10.主要方面;次要方面

11.根据

12.必要条件

二、选择题

1.C【解析】根据材料可知,“有无相生,难易相成”意思是有和无是相互对立而产生的,难和易是相互对立而形成的。体现了矛盾的同一性。故 C 项正确,ABD 项错误。

2.B【解析】根据所学知识可知,同一性和斗争性是矛盾的两种基本属性,B 项正确。矛盾的普遍性和特殊性相互联结,ACD 项错误。

3.D【解析】根据所学知识可知,同一性和斗争性是矛盾的两种基本属性,同一性是指矛盾双方相互联系、相互依存的属性,斗争性是指矛盾双方相互排斥、相互对立的属性。事物的性质主要是由主要矛盾的主要方面决定的。矛盾的主要方面和次要方面相互作用,在一定条件下双方的地位相互转化。故 D 项正确,ABC 项错误。

4.A【解析】根据所学知识可知,在事物发展过程中有多种矛盾,处于支配地位、对事物发展起决定作用的矛盾就是主要矛盾;处于从属地位、对事物发展不起决定作用的矛盾就是次要矛盾。故 A 项正确,BCD 项错误。

5.B【解析】根据所学知识可知,在认识复杂事物的发展过程中,要着重把握事物发展过程中的主要矛盾,着重把握某一矛盾中的主要方面,这就是重点论。故 B 项正确,ACD 项错误。

6.C【解析】根据材料可知,先让一步,后发制人,取得胜利,这说明矛盾双方相互联结、相互贯通,在一定条件下可以相互转化,也说明矛盾的斗争性是绝对的,同一性是相对的。故 C 项正确,ABD 项错误。

7.B【解析】根据材料可知,“投之亡地然后存,陷之死地然后生”“却是平流无石处,时时闻说有沉沦”从哲学上都体现了矛盾的双方在一定条件下相互转化,②③说法符合题意。故 B 项正确,ACD 项错误。

8.C【解析】根据材料可知,退役后的电池如果不能妥善处理,“新能源”有可能变成“新污染”。这是因为矛盾双方在一定条件下相互转化。故 C 项正确,ABD 项错误。

9.C【解析】根据材料可知,不同事物有不同的矛盾,中国式现代化的特殊性是区别于其他现代化的本质,②说法符合题意。中国式现代化为人类实现现代化提供了新选择。由此可见,中国式现代化为创造人类文明新形态作出了中国贡献,④说法符合题意。故 C 项正确,ABD 项错误。

10.B【解析】根据材料可知,人们能判断出这是某某人的作品,这基于艺术作品具有艺术家的个人风格,体现了矛盾的特殊性。故 C 项正确,ABD 项错误。

11.B【解析】根据材料可知,该县发挥山林生态优势和近城优势,根据各自优势差异发展,分别打造云中村寨、客家桃源、淘宝客都、开心田园和十里花廊,坚持了具体问题具体分析,实施差异发展。故 B 项正确,ACD 项错误。

12.B【解析】根据材料可知,按照“试点带动、典型引路、全面推开”的路径,“问需于民、问计于民”“因城施策、一圈一策”的原则,不断提高服务便利化、标准化、智慧化、品质化水平,这说明推进一刻钟便民生活圈建设需要结合城市人口分布、消费习惯等因地制宜,正确把握矛盾普遍性与特殊性,①说法符合题意。引导多业态集聚逐步形成商居和谐的社区商圈,是量变与质变的统一、渐进性与飞跃性的统一,③说法符合题意。故 B 项正确,ACD 项错误。

13.C【解析】根据材料可知,“未病养生防病于先、欲病施治防微杜渐、已病早治防止传变、瘥(病愈)后调摄(调养)防其复发”,这启示我们要发挥主观能动性,未雨绸缪。故 C 项正确,ABD 项错误。

14.A【解析】根据所学知识可知,事物的性质由主要矛盾的主要方面决定。故 A 项正确,BCD 项错误。

15.D【解析】根据材料可知,材料强调了“三根桩”“三个帮”“绿叶扶持”的重要性,说明作为处于从属地位的次要矛盾的作用不可忽视,抓主要矛盾的同时,也要处理好次要矛盾。故 D 项正确,ABC 项错误。

16.D【解析】根据材料可知,此次金融工作会议针对当前我国金融领域存在的客观实际问题,提出要“下决心从根本上解决这些问题”,坚持了一切从实际出发,实事求是,是坚持问题导向的表现,有利于金融业的高质量发展,③④说法符合题意。故 D 项正确,ABC 项错误。

17.ABCD【解析】根据所学知识可知,在事物发展过程中有多种矛盾,处于支配地位、对事物发展起决定作用的矛盾就是主要矛盾;处于从属地位、对事物发展不起决定作用的矛盾就是次要矛盾。主要矛盾与次要矛盾在一定条件下相互转化。故 ABCD 项均正确。

18.ABCD【解析】根据所学知识可知,每一矛盾都有两个方面,其中必有一方处于支配地位、起主导作用,这就是矛盾的主要方面;处于被支配地位、从属状态的一方就是矛盾的次要方面。事物的性质主要是由主要矛盾的主要方面决定的。矛盾的主要方面和次要方面相互作用,在一定条件下双方的地位相互转化。故 ABCD 项均正确。

19.ABCD【解析】根据所学知识可知,在认识复杂事物的发展过程时,既要看到主要矛盾,又要看到次要矛盾;在认识某一矛盾时,既要看到矛盾的主要方面,又要看到矛盾的次要方面,这就是两点论。要着重把握事物发展过程中的主要矛盾,着重把握某一矛盾中的主要方面,这就是重点论。主要矛盾与次要矛盾、矛盾的主要方面与次要方面的辩证关系要求我们,想问题办事情要坚持两点论与重点论的统一,既要全面分析,又要善于抓住重点和主流。故 ABCD 项均正确。

20.AC【解析】根据材料可知,为了完成某项工作,不得不先解决看起来并不直接相关的问题,这主要是因为解决主要矛盾需要一定的条件,要创造必要的条件促进主要矛盾的解决,次要矛盾解决好了,有利于主要矛盾的解决。故 AC 项正确,BD 项错误。

三、判断题

1.√【解析】根据所学知识可知,世界上的一切事物都包含既相互对立又相互统一的两个方面,这种既对立又统一的关系就是矛盾。

2.√【解析】根据所学知识可知,矛盾的普遍性和特殊性是相互联结的。一方面,普遍性寓于特殊性之中,并通过特殊性表现出来,没有特殊性就没有普遍性;另一方面,特殊性离不开普遍性,世界上的事物无论有多么特殊,总是和同类事物中的其他事物有共同之处,不包含普遍性的事物是不存在的。

3.√【解析】根据所学知识可知,矛盾的主要方面和次要方面相互作用,在一定条件下双方的地位相互转化。

4.√【解析】根据所学知识可知,事物的性质主要是由主要矛盾的主要方面决定的。

5.×【解析】根据所学知识可知,在认识复杂事物的发展过程时,既要看到主要矛盾,又要看到次要矛盾;在认识某一矛盾时,既要看到矛盾的主要方面,又要看到矛盾的次要方面,这就是两点论。要着重把握事物发展过程中的主要矛盾,着重把握某一矛盾中的主要方面,这就是重点论。

6.×【解析】根据所学知识可知,普遍性寓于特殊性之中,并通过特殊性表现出来,没有特殊性就没有普遍性。

7.√【解析】根据所学知识可知，具体问题具体分析是正确认识事物的基础。

8.√【解析】根据所学知识可知，矛盾的同一性不能脱离斗争性而存在，是包含着差别的同一；矛盾的斗争性也不能脱离同一性而存在，斗争性寓于同一性之中并被其制约。

9.√【解析】根据所学知识可知，事物的性质主要是由主要矛盾的主要方面决定的。

10.√【解析】根据所学知识可知，在认识和处理人生矛盾时，既要坚持两点论，进行全面的分析，学会“十个指头弹钢琴”，做到统筹兼顾、综合平衡；又要坚持重点论，善于抓住重点和关键，学会“牵牛鼻子”。

四、简答题

1.(1)矛盾的普遍性和特殊性相互联结。一方面，普遍性寓于特殊性之中，并通过特殊性表现出来，没有特殊性就没有普遍性；另一方面，特殊性离不开普遍性，不包含普遍性的事物是没有的。(2)矛盾的普遍性和特殊性在一定条件下可以相互转化。在某一场合表现为普遍性的东西，在另一场合则表现为特殊性。反之，在一定场合为特殊性的东西，在另一场合则是普遍性。

2.(1)主要矛盾和次要矛盾相互依存、相互影响。主要矛盾处于支配地位，对事物发展起决定作用，次要矛盾处于从属地位，对事物发展不起决定作用。主要矛盾和次要矛盾相互依赖、相互影响，并在一定条件下相互转化。(2)在实际工作中，我们要善于抓住重点，集中主要力量解决主要矛盾；同时，要学会统筹兼顾，恰当处理次要矛盾。坚持两点论和重点论的统一。

3.(1)矛盾的主要方面和次要方面相互依存、相互影响。矛盾的主要方面处于支配地位，起着主导作用，决定着事物的性质。矛盾的次要方面处于被支配地位。矛盾的主要方面和次要方面相互依赖、相互影响，并在一定条件下相互转化。(2)在实际生活中，我们看问题要全面，既要看到矛盾的主要方面，又要看到矛盾的次要方面。同时，要分清主流和支流，着重把握矛盾的主要方面，抓住事物的本质和主流，但也不能忽视矛盾的次要方面。坚持两点论和重点论的统一。

五、材料分析题

1.(1)矛盾是既对立又统一的，矛盾具有普遍性。我们要敢于承认、正视矛盾，不能回避、掩盖矛盾；要学会用科学的方法，正确认识和分析矛盾；以积极的态度处理和解决矛盾，促进人生发展。(2)每个人都有优点和缺点，我们在肯定自己优点的同时也要有勇气正视自己的缺点，不躲避缺点，通过自身努力实现矛盾双方的转化，改正缺点，成为更加优秀的人。

2.(1)矛盾即对立统一，具有普遍性。要求我们要承认矛盾、分析矛盾，找到解决矛盾的正确方法。中职学生使用手机有利有弊，我们应全面认识使用手机的利和弊。(2)矛盾双方在一定条件下可以相互转化。加强对中职学生使用手机的教育和管理，可以将不利因素转变为有利条件。(3)矛盾具有特殊性，要具体问题具体分析。对于自觉性较高、自律能力较强的学生可以允许其使用手机，对于自觉性不高、自我约束能力较差的同学可以禁止或限制使用手机。

3.(1)具体问题具体分析是正确认识事物的基础。中国共产党带领人民从中国的实际国情出发，具体问题具体分析，制定出符合中国国情的现代化目标，在社会主义的探索中，逐渐形成中国式现代化的正确道路。(2)具体问题具体分析是正确解决矛盾的关键。只有对具体问题具体分析，才能找到解决矛盾的正确方法，推动事物发展。中国式现代化立足中国国情，注重实现全国人民共同富裕、物质文明和精神文明相协调等，遵循社会主义建设规律，找到了实现中国式现代化的具体途径和正确方法。(3)实践充分证明，中国式现代化这条道路既切合中国实际，也体现了社会主义建设规律，因此不仅能够走得通，而且也一定能够走得好。

第三单元　实践出真知　创新增才干

第 7 课　实践出真知

生活感悟

(1)①理论联系实际，要学懂弄通理论、掌握思想真谛，避免脱离理论的经验主义；②理论联系实际，要深入调查研究、了解实际状况，避免脱离实际的教条主义，具体问题具体分析。(2)实践与认识的辩证关系要求我们做到知行合一。①要广泛吸收书本知识；②要做起而行之的行动者；③在学习和工作中，坚持做中学、学中做，学以致用、用以促学、学用相长，做到以知促行、以行促知。

习题演练

一、填空题

1.来源；动力；唯一标准；目的

2.实践活动

3.客观实际；认识；主观认识；客观事物

4.决定；反作用

5.实践；认识；认识；实践

6.实践；认识；认识；实践

7.循环往复；不断深化；上升

8.理论联系实际

9.知行合一；运用于实践

10.经验

11.教条

12.行动者

二、选择题

1.D【解析】根据材料可知，中国探月过程计划分为三个阶段并分步实施，说明实践是人有目的、有意识的活动。故D项正确,ABC项错误。

2.D【解析】根据材料可知,实践是检验真理的唯一标准。“科学理论可以作为检验真理的标准”是错误的,否定了实践是检验真理的唯一标准。故D项正确,ABC项错误。

3.D【解析】根据材料可知,“按图索骥”意思是按照画像去寻求好马,比喻墨守成规办事,也比喻按照线索去寻求。实践与认识的辩证关系要求我们坚持理论联系实际。理论联系实际,要深入调查研究、了解实际状况,避免脱离实际的教条主义。教条主义把书本上的个别词句当作僵死的教条,生搬硬套,拒绝对具体问题进行具体分析。故D项正确,ABC项错误。

4.D【解析】根据材料可知,毕加索用简单的线条,却精练地表现了公牛的形与神,体现了意识活动是一个主动的创造性过程。故D项正确,ABC项错误。

5.C【解析】根据材料可知,尾流产生的空气泡来搜寻和捕捉潜艇。未来需要更多精确的研究,使这一方案能在实际运用中发挥更大的作用。这体现的哲学道理是人的认识在实践中逐步得到提升。故C项正确,ABD项错误。

6.B【解析】根据材料可知,拉伊卜的设计取材于阿拉伯人标志性的头巾,具有中东特色,这表明实践的重要性,要在实践中推动认识发展。故B项正确,ACD项错误。

7.A【解析】根据材料可知,由中国科学院国家天文台韩金林研究员领导的“王绶琯巡天突击队”,利用中国天眼FAST“银道面脉冲星快照(GPPS)”系统,这表明我国通过认识工具的进步新发现了76颗偶发脉冲星。由此可见,实践具有社会历史性,实践是认识发展的动力,①③说法符合题意。故A项正确,BCD项错误。

8.C【解析】根据材料可知,法布尔根据观察得来的大量的第一手资料,将昆虫鲜为人知的生活习性生动地揭示出来,写成了《昆虫记》这部巨著。我们从中可以感悟到获得大量的感性材料是实现由感性认识到理性认识的前提。故C项正确,ABD项错误。

9.B【解析】根据材料可知,脑科学家积极研究的动因是想让病人通过研究治疗过上正常人的生活,说明实践是认识发展的动力。故B项正确,ACD项错误。

10.D【解析】根据材料可知,不少人所使用的食物“养胃”方法是错误的,营养学家经过长期研究发现,这些做法可能会加重某些胃病,这说明只有通过实践才能验证认识的客观真理性,科学实验是推动认识深化发展的强大动力,③④说法正确。故D项正确,ABC项错误。

11.A【解析】根据材料可知,我国成功发射陆地探测四号01星,完成了卫星入轨初期飞控实验主要工作,这表明意识活动具有目的性、自觉选择性、能动创造性特点。故A项正确,BCD项错误。

12.C【解析】根据材料可知,针对出舱需求,第二代“飞天”舱外服改变了结构设计,体现了实践是认识发展的动力。故C项正确,ABD项错误。

13.D【解析】根据材料可知,月球探测的每一个大胆设想,每一次成功实施都是人类认识和利用星球能力的充分展示,这个论断肯定了设想的提出是意识活动主动创造性的体现,说明人类能认识事物本质和能动改造世界,①②说法符合题意。故D项正确,ABC项错误。

14.C【解析】根据所学知识可知,“这并不是一个理论的问题,而是一个实践的问题”强调了人应该在实践中证明自己思维的真理性,实践是检验认识的真理性的唯一标准。故C项正确,ABD项错误。

15.B【解析】根据材料可知,战争实践是影响军事战略形成和发展的最为重要的条件,中国古代兵家在战争实践中形成了具有独特优势的中国传统战略思想,体现了实践是获得认识的重要途径,认识产生于实践的需要,①说法符合题意。中国古代兵家将这些经验教训上升到理论高度,形成了具有独特优势的中国传统战略思想,这体现了感性认识是认识的初级阶段,有待于发展为理性认识,④说法符合题意。故 B 项正确,ACD 项错误。

16.A【解析】根据材料可知,“不入虎穴,焉得虎子”比喻不亲临险境就不可能取得成功,也比喻不进行认真的实践就不可能得到真相,意在说明实践是认识的来源。故 A 项正确,BCD 项错误。

17.ABCD【解析】根据所学知识可知,实践是认识的来源,人的认识是在实践活动的基础上产生和发展的,A 项正确。实践是认识发展的动力,实践的需要推动认识的产生和发展,B 项正确。实践是认识的目的,认识从实践中来,最终还要回到实践中去,C 项正确。实践是检验真理的唯一标准。认识不能检验自身是否符合客观实际,客观事物自身也不能回答认识是否正确反映了它,而实践具有把主观认识和客观事物联系起来的特性,能够检验主观认识是否符合客观事物,从而检验认识是否具有真理性,D 项正确。

18.BD【解析】根据材料可知,“人类研究细胞的死亡是为了人类更健康”,这说明实践是有意识有目的的能动性活动,即实践具有主观能动性;她研究的细胞死亡机理为肌萎缩性侧索硬化症、阿尔茨海默病、青光眼等人类疾病带来新药,为病人带来福音,这说明实践具有直接现实性,能够把观念的存在变为现实的存在。故 BD 项正确,AC 项错误。

19.BD【解析】根据材料可知,材料引用多位伟人的名言,强调了实践和调查研究的重要性,说明了要深入基层调查研究。故 BD 项正确,AC 项错误。

20.ABCD【解析】根据材料可知,实践与认识的辩证关系要求我们做到知行合一。我们既要主动学习各种知识,又要将学到的知识运用于实践。参加社会实践活动不仅能够加深对专业知识的理解,提高我们的实践能力,还能增强社会责任感,促进个人成长。故 ABCD 项均正确。

三、判断题

1.×【解析】根据所学知识可知,任何知识都不能离开直接经验,但是,这并不意味着事事都必须去亲身实践。一个人的多数知识还是来自间接经验,是从他人传授以及书本、网络等媒介获得的。

2.×【解析】根据所学知识可知,实践是认识的来源,但并非唯一来源。一切认识来源于实践。但对个人而言,所获得的知识包括直接经验和间接经验两部分。

3.×【解析】根据所学知识可知,实践是检验真理的唯一标准。

4.√【解析】根据所学知识可知,实践是认识的目的。认识从实践中来,最终还要回到实践中去。

5.√【解析】根据所学知识可知,认识本身不是目的,改造世界才是认识的目的。

6.×【解析】根据所学知识可知,实践决定认识,认识对实践具有反作用。

7.×【解析】根据所学知识可知,实践与认识的辩证运动,是一个循环往复、不断深化的上升过程。

8.√【解析】根据所学知识可知,实践是永恒的、不断发展的。在把认识付诸实践的过程中,总会遇到新的情况,发现新的问题,形成新的认识。

9.√【解析】根据所学知识可知,实践与认识的辩证关系要求我们坚持理论联系实际。认识的目的不仅在于解释世界,更重要的在于改造世界,认识为实践提供理论指导,解决现实中的实际问题。

10.√【解析】根据所学知识可知,“以行而求知,因知以进行”意思是用行动来求得知识,依据知识而指导行动,强调要知行合一。

四、简答题

1.认识不能检验自身是否符合客观实际,客观事物自身也不能回答认识是否正确反映了它,而实践具有把主观认识和客观事物联系起来的特性,能够检验主观认识是否符合客观事物,从而检验认识是否具有真理性。

2.(1)从实践到认识,是认识过程的第一次飞跃。在这个过程中,人的认识活动主要表现为在实践的基础上由感性认识到理性认识的飞跃,也就是“从生动的直观到抽象的思维”。(2)从认识到实践,是认识过程的第二次飞跃。在这次飞跃中,第一次飞跃所形成的认识被用来指导实践并接受实践的检验。正确的认识得到证实和发展,错误的认识被纠正或推翻。

3.(1)我们要广泛吸收书本知识。要多读书、读好书、善读书,把读书学习当成一种生活习惯、人生态度和精神追求。(2)我们要做起而行之的行动者。要在认真学习的基础上行动起来,真正把自己所学落到实处。(3)我们还要坚持做中学、学中做,学以致用、用以促学、学用相长,做到以知促行、以行促知。

五、材料分析题

1.(1)实践决定认识,认识对实践具有反作用,正确的认识促进实践发展。我国杂交水稻研发立足社会需要,满足人们需求,开拓创新,运用正确的理论指导水稻研发取得成功。(2)人们认识事物的过程,是一个从实践到认识,再从认识到实践的无限发展的过程。我国杂交水稻研发在实践和认识的循环往复中不断发展、完善育种技术,优质杂交水稻新品种的培育不断取得突破。

2.(1)实践与认识的辩证关系要求我们做到知行合一。既要主动学习各种知识,又要将学到的知识运用于实践。(2)该校师生为做好服务脱贫攻坚和乡村振兴工作,既主动学习相关理论,掌握专业知识,又实施符合实际的实践项目,将所学知识落实到实践中。

3.(1)老师对小王和小李的评价符合理论联系实际的要求。①小王只是重视理论,犯了脱离实际的教条主义错误;②小李只重视实际操作,犯了脱离理论的经验主义错误。(2)实践与认识的辩证关系要求我们坚持理论联系实际。既要学懂弄通理论、掌握思想真谛,又要深入调查研究、了解实际状况。①调查研究是谋事之基、成事之道,没有调查就没有发言权,没有调查就没有决策权。我们要重视调查研究,对客观实际情况进行深入了解,把事情的真相和全貌调查清楚,把问题的本质和规律把握准确,把解决问题的思路和对策研究透彻。②科学的理论是我们认识世界、改造世界的强大思想武器。我们要加强理论学习,把感性的经验不断上升为更具条理性、综合性的理论,用科学的理论指导具体实践。

第 8 课　在实践中提高认识能力

生活感悟

(1)认识事物不能只看表面现象,只有把握了事物的本质,才能真正认识事物。而本质深藏于事物内部,必须透过现象认识本质。(2)现象表现本质具有复杂性和多样性。事物的现象是复杂多样并且不断变化的,经常存在着真假混淆的情况,容易给人造成错觉。我们需要辨别事物的真象和假象,不要被假象迷惑双眼。

习题演练

一、填空题

1.表面;外在

2.根本;内在

3.统一;区别;依存

4.本质;内部

5.现象

6.主观能动性;思维方法;去伪存真;由表及里

7.复杂;多样

8.反面;歪曲

9.符合;正确

10.背离;歪曲

11.谬误

12.真理;追求者;捍卫者;践行者

二、选择题

1.C【解析】根据所学知识可知,现象是事物的外部联系和表面特征,是个别的、易变的东西,是事物本质的外在表现。故 C 项正确,ABD 项错误。

2.A【解析】根据所学知识可知,本质是事物的根本性质,是同类现象中一般的、相对稳定的东西,是事物各要素之间的内在联系。故 A 项正确,BCD 项错误。

3.B【解析】根据材料可知,真象和假象都是事物本质的表现。现象表现本质的形式是多种多样的,既有直接表现本质的,也有间接表现本质的;既有从正面表现本质的,也有从反面表现本质的。真象是以正面的形式表现本质,假象是以反面的、歪曲的形式表现本质。因此,“假象同真象一样具有客观性”是辩证唯物主义的观点,故 B 项正确,ACD 项错误。

4.B【解析】根据所学知识可知,本质和现象的统一,说明了科学研究的可能性而非必要性。故 B 项正确,ACD 项错误。

5.D【解析】根据所学知识可知,现象是事物的外部联系和表面特征,是个别的、易变的东西,是事物本质的外在表现。质是事物的根本性质,是同类现象中一般的、相对稳定的东西,是事物各要素之间的内在联系。二者的区别在于现象是事物的表面特征,本质是事物的根本属性。故 D 项正确,ABC 项错误。

6.B【解析】根据材料可知,内行是指对某种事情或工作有丰富知识和经验的人;门道是指做事的诀窍和方法;外行是指对某种事情或工作不懂或没有经验的人。整句话的意思是内行人看事情主要看方法看本质,外行人看事情只能看看表面现象、看看热闹。故 B 项正确,ACD 项错误。

7.C【解析】根据所学知识可知,透过现象认识本质,需要充分发挥主观能动性,用科学的思维方法,对大量现象以及现象之间的关联进行科学的分析和研究,做到"去粗取精、去伪存真、由此及彼、由表及里",②④说法符合题意。故 C 项正确,ABD 项错误。

8.A【解析】根据材料可知,透过现象认识本质,需要充分发挥主观能动性,用科学的思维方法,对大量现象以及现象之间的关联进行科学的分析和研究,做到"去粗取精、去伪存真、由此及彼、由表及里"。故 A 项正确,BCD 项错误。

9.C【解析】根据所学知识可知,认识事物不能只看表面现象,只有把握了事物的本质,才能真正认识事物。而本质深藏于事物内部,必须透过现象认识本质。故 C 项正确,ABD 项错误。

10.A【解析】根据所学知识可知,同一症状的病人,即现象相同;开不同的药方,原因是本质不同。①说法符合题意。苹果落地、水往低处流,本质原因都是万有引力,但现象不同。②说法符合题意。故 A 项正确,BCD 项错误。

11.D【解析】根据材料可知,现象有真象与假象之分,真象和假象都是事物本质的表现,并且事物的现象是复杂多样并且不断变化的。现象表现本质的形式是多种多样的,既有直接表现本质的,也有间接表现本质的;既有从正面表现本质的,也有从反面表现本质的。真象是以正面的形式表现本质,假象是以反面的、歪曲的形式表现本质。故 D 项正确,ABC 项错误。

12.D【解析】根据所学知识可知,真理是符合客观事物的认识,是对客观事物及其发展规律的正确反映。故 D 项正确,ABC 项错误。

13.C【解析】根据所学知识可知,真理是符合客观事物的认识,是对客观事物及其发展规律的正确反映。谬误是背离客观事物的认识,是对客观事物及其发展规律的歪曲反映。故 C 项正确,ABD 项错误。

14.A【解析】根据所学知识可知,透过现象认识本质,需要掌握大量的现象。现象是入门的先导,认识事物只能从认识它的现象开始。故 A 项正确,BCD 项错误。

15.A【解析】根据材料可知,"变"即现象,现象是个别的、易变的东西,是事物本质的外在表现;"宗"即本质,本质是一般的、相对稳定的东西,是事物各要素之间的内在联系。"万变不离其宗"说明不同现象可以表现同样的本质,现象是易变的,而本质相对稳定,①②说法符合题意。故 A 项正确,BCD 项错误。

16.C【解析】根据材料可知,现象与本质是相互区别的,认识事物不能只看表面现象,只有把握了事物的本质,才能真正认识事物。而本质深藏于事物内部,必须透过现象认识本质。故

C 项正确,ABD 项错误。

17.BC【解析】根据所学知识可知,现象与本质是相互区别的。现象是事物的外部联系和表面特征,是个别的、易变的东西,是事物本质的外在表现。本质是事物的根本性质,是同类现象中一般的、相对稳定的东西,是事物各要素之间的内在联系。故 BC 项正确,AD 项错误。

18.AC【解析】根据所学知识可知,现象表现本质具有复杂性和多样性。事物的现象是复杂多样并且不断变化的,经常存在真假混淆的情况,容易给人造成错觉。我们需要辨别事物的真象和假象,不要被假象迷惑双眼。真象和假象都是事物本质的表现。真象是以正面的形式表现本质,假象是以反面的、歪曲的形式表现本质。故 AC 项正确,BD 项错误。

19.ABCD【解析】根据所学知识可知,真理是符合客观事物的认识,是对客观事物及其发展规律的正确反映。坚持和发展真理,必须同谬误作斗争。真理指引人类社会前行,照亮人生发展道路。人类在探索真理的过程中,不断深化着对自然界、人类社会、人自身的认识,引领和推动着社会实践的发展和进步。故 ABCD 项均正确。

20.ABCD【解析】根据所学知识可知,在社会生活中,是非善恶并没有黑白分明的标签。我们需要学会理性分析、判断,识别真象与假象,把握本质,明辨是非,区分善恶;懂得自己应该做什么,不应该做什么,自觉抵制不良诱惑,遵纪守法,扬善抑恶。故 ABCD 项均正确。

三、判断题

1.√【解析】根据所学知识可知,本质决定现象,现象的存在与变化,归根到底依赖于本质。现象表现本质,本质总是通过一定的现象表现出来。

2.√【解析】根据所学知识可知,认识事物不能只看表面现象,只有把握了事物的本质,才能真正认识事物。而本质深藏于事物内部,必须透过现象认识本质。

3.×【解析】根据所学知识可知,现象是事物的外部联系和表面特征,是个别的、易变的东西,是事物本质的外在表现。本质是事物的根本性质,是同类现象中一般的、相对稳定的东西,是事物各要素之间的内在联系。

4.√【解析】根据所学知识可知,事物的现象是复杂多样并且不断变化的,经常存在着真假混淆的情况,容易给人造成错觉。我们需要辨别事物的真象和假象,不要被假象迷惑双眼。

5.√【解析】根据所学知识可知,在社会生活中,是非善恶并没有黑白分明的标签。我们需要学会理性分析、判断,识别真象与假象,把握本质,明辨是非,区分善恶。

6.√【解析】根据所学知识可知,真理是符合客观事物的认识,是对客观事物及其发展规律的正确反映。

7.√【解析】根据所学知识可知,本质深藏于事物内部,必须透过现象认识本质。透过现象认识本质,需要掌握大量的现象,还需要充分发挥主观能动性。

8.×【解析】根据所学知识可知,真象是以正面的形式表现本质,假象是以反面的、歪曲的形式表现本质。

9.×【解析】根据所学知识可知,透过现象认识本质,需要掌握大量的现象。

10.×【解析】根据所学知识可知,真理是符合客观事物的认识,是对客观事物及其发展规律的正确反映。谬误是背离客观事物的认识,是对客观事物及其发展规律的歪曲反映。

四、简答题

1.(1)现象与本质是相互区别的。现象是事物的外部联系和表面特征,是个别的、易变的东西,是事物本质的外在表现。本质是事物的根本性质,是同类现象中一般的、相对稳定的东西,是事物各要素之间的内在联系。(2)现象与本质又是相互依存的。本质决定现象,现象的存在与变化,归根到底依赖于本质。现象表现本质,本质总是通过一定的现象表现出来。不表现为现象的本质或不表现本质的现象,都是不存在的。

2.(1)透过现象认识本质,需要掌握大量的现象。现象是入门的先导,认识事物只能从认识它的现象开始。由于现象是复杂多变的,要透过现象认识本质,需要综合考察事物的各种现象,不可道听途说或是想当然,也不能仅凭一些局部的、片面的、个别的现象就轻率地下结论。(2)透过现象认识本质,需要充分发挥主观能动性,运用科学的思维方法,对大量现象以及现象之间的关联进行科学的分析和研究,做到"去粗取精、去伪存真、由此及彼、由表及里"。

3.(1)真理是符合客观事物的认识,是对客观事物及其发展规律的正确反映。(2)谬误是背离客观事物的认识,是对客观事物及其发展规律的歪曲反映。

五、材料分析题

1.(1)事物的现象是复杂多样并且不断变化的,经常存在着真假混淆的情况,容易给人造成错觉。我们需要辨别事物的真象和假象,不要被假象迷惑双眼。(2)小李在幼儿园实习期间,透过现象看本质,针对不同幼儿的不同表现,采取不同的教育方法,取得了良好的效果。我们在看待和处理身边的各种现象时,要学会理性分析判断,识别假象,把握本质,明辨是非,区分善恶;懂得自己应该做什么,不应该做什么,自觉抵制不良诱惑,遵纪守法,扬善抑恶。

2.(1)人们在实践中认识和发现真理,在实践中检验和发展真理。受主客观条件的限制,追求真理是一个曲折的过程,具有反复性。(2)我国科学家根据国家和社会的需要选择研究课题;在发现疟疾新疗法过程中克服困难、反复试验,经历多次失败仍坚持不懈;发挥团队精神,协作攻关;发掘中国传统中医中药学资源,并与现代科技相结合;将研究成果应用于疟疾治疗实践,接受检验。

3.(1)在追求真理的道路上,我们要不畏艰险,勇往直前,在实践中不断认识和发展真理,做真理的追求者、捍卫者、践行者。(2)在人生的道路上,真理指引我们朝着正确方向不断前行,追求真理的过程也是人生境界不断提升的过程。我们要在对真理的不懈追求中,不断完善自我,实现人生价值。

第9课　创新增才干

生活感悟

我们可以通过三个方面树立创新意识:(1)坚定创新自信。创新并不神秘,我们每个人都可以立足专业和岗位实际,做勇于创新的实践者。(2)我们要不断增强问题意识,对事物抱有强烈的好奇心,善于观察、深入思考、勇于探索。(3)敢于突破常规。创新就是要突破条条框框的束缚,打破思想禁锢,突破传统观念。我们可以通过三个方面增强创新本领:(1)夯实创新的知识基础。我们要认真学习基础理论知识和各项专业知识,为创新打好坚实基础。(2)提高创新思维能力。要在学习和生活实践中不断提高自己的创新思维能力。(3)投身创新实践。不断增强自主创新能力,以时不我待、只争朝夕的紧迫感,投身改革创新的伟大实践中。

习题演练

一、填空题

1.主观能动性

2.中华民族

3.中华文明

4.集中体现

5.必然要求

6.第一动力;核心

7.新事物;主观能动性;内在动力

8.自信

9.起点;动力源

10.知识;基础理论;各项专业

11.思维

12.实践

二、选择题

1.C【解析】根据所学知识可知,创新的本质在于突破传统思维,C 项正确。创造新事物、改变旧事物和解决问题都是创新的结果,ABD 项错误。

2.C【解析】根据所学知识可知,积极参加实践活动,勇于尝试新事物可以培养中职学生的创新能力,C 项正确。只专注于理论学习、按部就班和对新事物持否定态度都不利于创新,ABD 项错误。

3.B【解析】根据所学知识可知,实践是创新的基础,创新推动实践发展。创新来源于实践,又指导实践。故 B 项正确,ACD 项错误。

4.B【解析】根据所学知识可知,创新思维具有开放性、灵活性和独特性等特点,保守性不利于创新。故 B 项正确,ACD 项错误。

5.C【解析】根据所学知识可知,敢于质疑可以激发创新思维,有助于发现问题和解决问题。故 C 项正确,ABD 项错误。

6.C【解析】根据所学知识可知,培养创新能力需要具备勇敢的品质,敢于尝试和冒险,C 项正确。懒惰、固执和自私都不利于创新,ABD 项错误。

7.C【解析】根据所学知识可知,创新对个人发展的重要意义在于提升个人竞争力,实现自我价值,C 项正确。创新不一定能让人变得更富有或获得他人赞扬,但可以让个人在职业和生活中更有优势,ABD 项错误。

8.C【解析】根据材料可知,一个没有创新能力的民族,难以屹立于世界民族之林,强调了创新对国家的重要性。故 C 项正确,ABD 项错误。

9.C【解析】根据所学知识可知,新发明的科技产品是创新成果,古老的传统习俗、一成不变的生活方式和落后的生产工具都不是创新。故 C 项正确,ABD 项错误。

10.C【解析】根据所学知识可知,中职学生在创新过程中,应该结合自身实际,发挥优势,不能盲目跟风、完全模仿他人或害怕失败不敢尝试。故 C 项正确,ABD 项错误。

11.A【解析】根据材料可知,超级杂交稻单季亩产创造了杂交水稻单季亩产的世界新纪录,表明技术创新推动了生产力的发展。故 A 项正确,BCD 项错误。

12.A【解析】根据材料可知,袁隆平突破了经典遗传理论的禁区,提出水稻杂交的新理论,实现了水稻育种的新突破,促进了生产力的发展。故 A 项正确,BCD 项错误。

13.B【解析】根据材料可知,聊天工具 ChatGPT 可以聊天、写作、编程、翻译,甚至可以质疑和拒绝你的要求,网友体验后认为它可以提高工作效率,未来可多加应用,说明该语言模型因其较大的技术突破而成为人们交互交流使用的选择,①说法正确。ChatGPT 不仅是新一代聊天机器人的突破,而且可以提高工作效率,这表明在 ChatGPT 未来发展中,既要注重其工具性,又要注重其价值性,④说法正确。故 B 项正确,ACD 项错误。

14.A【解析】根据材料可知,历史悠久的老字号坚持创新思维,利用各种互联网平台有效扩大自己的影响,经济效益也随之不断提高,说明创新推动了生产力的发展。故 A 项正确,BCD 项错误。

15.D【解析】根据材料可知,智能化时代的混合学习方式,一样关注师生创造力的激发,但又打破了传统课堂以教师讲授为中心的线性结构和僵化模式,借助于不断完善的技术平台,采用非线性、超文本、多层次的学习网络,实现了学习效率提升。这体现了辩证的否定是事物联系、发展的环节。故 D 项正确,ABC 项错误。

16.A【解析】根据材料可知,经过中国科研团队的不懈努力,成功研发出直接电解海水制氢技术,表明海水制氢技术发展离不开科研人员正确发挥主观能动性,也表明创新是引领发展的第一动力,科学技术的每一次进步都是通过创新实现的,①②说法正确。故 A 项正确,BCD 项错误。

17.ABCD【解析】根据所学知识可知,创新能力包括观察力、想象力、思维能力和实践能力等多个方面。故 ABCD 项均正确。

18.ABD【解析】根据所学知识可知,多读书拓宽知识面、与不同的人交流听取不同意见和敢于挑战权威提出自己的观点都有助于培养创新思维。总是用传统方法解决问题不利于创新。故 ABD 项均正确,C 项错误。

19.ABC【解析】根据所学知识可知,创新对社会发展的作用有推动科技进步、促进经济增长和改善人们的生活质量,ABC 项均正确。创新不会导致社会混乱,D 项错误。

20.ABC【解析】根据所学知识可知,在专业学习中勇于尝试新方法、参加各种创新比赛和积极参与社会实践活动都有助于培养中职学生的创新能力,ABC 项正确。整天空想不付诸行动无法培养创新能力,D 项错误。

三、判断题

1.√【解析】根据所学知识可知,创新是人类特有的认识能力和实践能力,是人的主观能动性的高级表现形式。创新是一个民族进步的灵魂,是一个国家兴旺发达的不竭动力。纵观历史发展,人类的一切文明成果,都是创新精神的果实,都是创新智慧的结晶。

2.√【解析】根据所学知识可知,“治世不一道,便国不必法古”意思是治国并不是只有一条道路,只要有利于国家,就不一定非要拘泥于古法旧制。

3.×【解析】根据所学知识可知,科技创新能力已经成为影响国家的国际地位的重要因素而非唯一因素。

4.×【解析】根据所学知识可知,创新并不神秘,不是只有科学家、发明家等少数人才能做到的事情。我们每个人都可以立足专业和岗位实际,做勇于创新的实践者。

5.√【解析】根据所学知识可知,要创新,就要有强烈的创新意识,凡事要有打破砂锅问到底的劲头,敢于质疑现有理论,勇于开拓新的方向,攻坚克难,追求卓越。

6.×【解析】根据所学知识可知,创新是建立在扎实的知识基础之上的,脱离知识基础,缺乏知识积淀,盲目追求创新,只会陷入不切实际的空想或者蛮干当中。

7.√【解析】根据所学知识可知,创新意识是创新主体创造新事物或提出新观念的动机或意愿,是人的主观能动性的表现,是人们进行创造活动的内在动力。

8.√【解析】根据所学知识可知,科学思维是能够创造性地解决问题的思维,创新思维是综合运用多种思维方法的结果。要在学习和生活实践中不断提高自己的创新思维能力。

四、简答题

1.创新具有重要意义。(1)对于个人而言,创新可以提升个人竞争力,实现自我价值。在职业发展中,创新能力强的人更容易获得成功。(2)对于社会来说,创新推动科技进步,促进经济增长,改善人们的生活质量。(3)一个国家的创新能力决定了其在国际上的地位和竞争力。没有创新,社会就会停滞不前。

2.中职学生可以从五个方面培养自己的创新能力:(1)培养创新意识,敢于质疑,勇于尝试新事物。(2)努力学习知识,拓宽知识面,为创新打下坚实的基础。(3)积极参加实践活动,在实践中锻炼自己的创新能力。(4)与不同的人交流,听取不同的意见,激发创新思维。(5)参加各种创新比赛,在竞争中提高自己的创新水平。

3.(1)努力学习,夯实知识基础。(2)提高思维能力,培养创新思维。(3)积极投身创新实践,将个人创新与国家发展需求相结合。

五、材料分析题

1.(1)世界是发展变化的,我们要不断开拓创新、与时俱进。创新是人类特有的认识能力和实践能力,是人的主观能动性的高级表现形式。(2)创新是一个民族进步的灵魂,是一个国家兴旺发达的不竭动力。创新精神是中华民族最鲜明的禀赋,创新使我国经济社会发展取得巨大成就。(3)创新能力是当今国际竞争新优势的集中体现,创新是我国赢得未来的必然要求。通过创新引领和驱动发展已经成为我国发展的迫切要求。

2.小敏的观点是不对的。(1)创新是人类特有的认识能力和实践能力,是人的主观能动性的高级表现形式。创新是一个民族进步的灵魂,是一个国家兴旺发达的不竭动力。创新对国家和个人发展都具有重要意义。(2)创新并不神秘,不是只有科学家等少数人才能做到的事情,每个人都可以立足专业和岗位实际,做勇于创新的实践者。

3.(1)世界是发展变化的,我们要不断开拓创新、与时俱进。创新是人类特有的认识能力和实践能力,是人的主观能动性的高级表现形式。(2)中职学生要树立创新意识,必须充分发挥主观能动性,坚定创新自信、增强问题意识、敢于突破常规。(3)中职学生要增强创新本领,必须夯实创新的知识基础、提高创新思维能力、积极投身创新实践。

第四单元　坚持唯物史观　在奉献中实现人生价值

第10课　人类社会及其发展规律

生活感悟

(1)生产力与生产关系之间的关系:①生产力决定生产关系,生产力的发展、变化会引起生产关系的变革。②生产关系对生产力具有反作用。生产关系如果适合生产力发展的客观要求,对生产力的发展就会起推动作用;生产关系如果不适合生产力发展的客观要求,对生产力的发展就会起阻碍作用。(2)经济基础与上层建筑之间的关系:①经济基础决定上层建筑,经济基础是上层建筑赖以产生、存在和发展的物质基础。②上层建筑对经济基础具有反作用。上层建筑如果适合经济基础状况,就能促进经济基础的巩固和完善;上层建筑如果不适合经济基础状况,就会阻碍经济基础的发展和变革。上层建筑如果为先进的经济基础服务,就能促进生产力的发展,推动社会进步;上层建筑如果为落后的经济基础服务,就会束缚生产力的发展,阻碍社会前进。

习题演练

一、填空题

1.物质生产活动
2.社会存在;社会意识
3.社会存在;社会意识
4.物质生活条件
5.精神生活过程
6.历史唯物主义;历史唯心主义
7.决定;反作用
8.自然
9.生产资料所有制关系
10.决定;反作用
11.生产力

12.设施及思想体系

13.决定

14.生产力;生产关系;经济基础;上层建筑

二、选择题

1.A【解析】根据所学知识可知,社会的物质生活条件,主要指物质生产方式,还包括自然地理环境和人口因素,A 项正确。政治、法律、道德、艺术、宗教、哲学,以及情感、风俗、习惯等属于精神生活过程,BCD 项错误。

2.A【解析】根据所学知识可知,根据唯物辩证法的事物的发展是前进性与曲折性相统一的原理,事物总的发展趋势是向前的,但是道路却是曲折的。社会历史发展的总趋势是前进的、上升的,发展的过程是曲折的。故 A 项正确,BCD 项错误。

3.C【解析】根据所学知识可知,社会发展是在社会基本矛盾的不断产生、发展和解决中实现的。在阶级社会中,社会基本矛盾的解决主要是通过阶级斗争实现的。故 C 项正确,ABD 项错误。

4.C【解析】根据所学知识可知,人们所处的社会经济关系不同、社会实践不同,所形成的社会意识就不同。这表明社会存在决定社会意识,而不是社会意识决定社会存在。故 C 项正确,ABD 项错误。

5.B【解析】根据材料可知,为了加强黄河流域生态环境保护,颁布和实施了《中华人民共和国黄河保护法》,这使黄河保护治理有了"铁规矩"和"硬杠杠",说明意识活动具有目的性和能动创造性。故 B 项正确,ACD 项错误。

6.D【解析】根据材料可知,众多新词汇频繁地出现在人们的日常交流中,从不同的视角见证了时代的变迁、传递了社会脉搏。这说明了一定的社会意识总是对一定的社会存在的反映。故 D 项正确,ABC 项错误。

7.D【解析】根据材料可知,"走基层、找问题、想办法、促发展"活动是深入基层调查研究,重视实践的体现,同时也是坚持群众路线,把人民群众的利益作为最高价值标准的体现。故 D 项正确,ABC 项错误。

8.D【解析】根据材料可知,教育部调整学科专业的设置属于上层建筑的改革,适应经济基础的发展变化,也是社会主义制度的自我完善,③④说法正确。故 D 项正确,ABC 项错误。

9.D【解析】根据材料可知,我们必须要以党的自我革命引领社会革命,其哲学依据是辩证否定既是事物联系的环节,又是事物发展的环节,经济基础决定上层建筑,要调整完善上层建筑以更好与经济基础状况相适应。故 D 项正确,ABC 项错误。

10.A【解析】根据材料可知,社会的每一个成员都能完全自由地发展和发挥他的全部才能和力量,描述了共产主义社会的样貌,阐述了共产主义社会的理想目标。故 A 项正确,BCD 项错误。

11.C【解析】根据材料可知,集体林权制度改革契合了时代发展,顺应了林农的期盼,奠定了山区林区共同富裕的基础,这说明社会意识的变化根源于社会存在的变化,生产关系的变革适应了生产力发展的需要,②④说法符合题意。故 C 项正确,ABD 项错误。

12.B【解析】根据材料可知,习近平文化思想是当之无愧的立足时代之基、回答时代之问、引领时代之变的科学理论,说明发挥意识的能动性是认识和改造世界的重要条件。故 B 项正确,ACD 项错误。

13.B【解析】根据材料可知,《电子商务平台知识产权保护管理》国家标准是国家颁布的政策性规范,属于上层建筑改革,表明上层建筑对经济基础具有反作用,也说明改革是社会主义社会发展的直接动力。故 B 项正确,ACD 项错误。

14.D【解析】根据材料可知,“从社会生活的各个领域中划分出经济领域,从一切社会关系中划分出生产关系,即决定其余一切关系的基本的原始的关系……只有把社会关系归结于生产关系,把生产关系归结于生产力的水平,才有可靠的根据把社会形态的发展看作自然历史过程”指出了人类社会发展就是在社会基本矛盾的不断解决中实现的,③说法正确。“只有把社会关系归结于生产关系,把生产关系归结于生产力的水平,才有可靠的根据把社会形态的发展看作自然历史过程”概括了贯穿人类社会始终的基本矛盾是生产力和生产关系的矛盾,④说法正确。故 D 项正确,ABC 项错误。

15.B【解析】根据材料可知,在历史上出现的一切理论观点,只有理解与之相应的时代的物质生活条件,并且从这些物质条件中被引申出来的时候才能理解,这说明社会意识依赖于社会物质生活条件,社会政治法律制度受生产方式制约,①③说法符合题意。故 B 项正确,ACD 项错误。

16.A【解析】根据材料可知,国家数据局作为国家机构,是上层建筑的重要组成部分,该局通过负责推进数据基础制度建设,统筹数据资源整合共享、开发利用等,助推经济发展,表明了经济基础与上层建筑的相互作用。故 A 项正确,BCD 项错误。

17.ABC【解析】根据所学知识可知,社会存在是指社会的物质生活条件,主要指物质生产方式,还包括自然地理环境和人口因素,ABC 项正确。社会意识是指社会的精神生活过程,包括政治、法律、道德、艺术、宗教、哲学,以及情感、风俗、习惯等,D 项错误。

18.ABD【解析】根据所学知识可知,生产力是人们改造自然,使之满足人的需要、促进人的发展的物质力量,其基本要素包括劳动者、劳动资料、劳动对象,其中生产工具是最重要的劳动资料。故 ABD 项正确,C 项错误。

19.ABD【解析】根据所学知识可知,生产力决定生产关系,生产关系对生产力有反作用。经济基础决定上层建筑,上层建筑对经济基础有反作用。AB 项正确。当上层建筑适合经济基础发展时,就会促进经济基础的巩固和完善;当它不适合经济基础状况时,就会阻碍经济基础的发展和变革。当上层建筑为适合生产力发展要求的经济基础服务时,就会成为推动社会发展的进步力量;反之,就会成为阻碍社会发展的消极力量。C 项错误,D 项正确。

20.ABC【解析】根据所学知识可知,在社会主义社会中,阶级斗争仍然在一定范围内存在,但已经不是主要矛盾。改革是解决社会主义社会基本矛盾的重要形式,是社会主义社会发展的强大动力。故 ABC 项正确,D 项错误。

三、判断题

1.×【解析】根据所学知识可知,先进的社会意识可以正确预见社会发展的方向和趋势,对社会发展起积极的推动作用;落后的社会意识不符合社会发展的趋势和要求,对社会发展起消极的阻碍作用。

2.×【解析】根据所学知识可知,社会意识具有相对独立性。社会意识与社会存在的发展具有不完全同步性与不平衡性。社会意识有时会落后于社会存在,有时又会先于社会存在而变化发展。

3.√【解析】根据所学知识可知,社会存在是社会意识内容的客观来源,社会意识是社会物质生活条件及其过程的主观反映。

4.×【解析】根据所学知识可知,生产力是人们改造自然,使之满足人的需要、促进人的发展的物质力量。

5.√【解析】根据所学知识可知,生产力决定生产关系。生产关系对生产力具有反作用。

6.√【解析】根据所学知识可知,改革是解决社会主义社会基本矛盾的重要形式,是社会主义社会发展的强大动力。

7.×【解析】根据所学知识可知,生产力决定生产关系。生产关系对生产力具有反作用。

8.√【解析】根据所学知识可知,经济基础是指由社会一定发展阶段的生产力所决定的生产关系的总和,经济基础对上层建筑起决定作用。

四、简答题

1.社会存在与社会意识是辩证统一的关系。(1)社会存在决定社会意识,社会意识是社会存在的反映。社会存在的性质决定社会意识的性质,社会存在的变化决定社会意识的变化。(2)社会意识具有相对独立性。社会意识对社会存在具有能动的反作用。先进的社会意识对社会发展起积极的推动作用;落后的社会意识对社会发展起阻碍作用。

2.(1)生产力决定生产关系,生产力的发展、变化会引起生产关系的变革。(2)生产关系对生产力具有反作用。生产关系如果适合生产力发展的客观要求,对生产力的发展就会起推动作用;生产关系如果不适合生产力发展的客观要求,对生产力的发展就会起阻碍作用。

3.社会主义社会的基本矛盾仍然是生产力和生产关系、经济基础和上层建筑之间的矛盾。但是,这一矛盾是非对抗性的矛盾,可以通过社会主义的自我发展、自我完善加以解决。改革是社会主义制度的自我完善和发展。改革的根本目的,就是使生产关系适应生产力的发展,使上层建筑适应经济基础的发展。改革是发展中国特色社会主义的强大动力。

五、材料分析题

1.(1)物质生产活动是人类社会赖以存在和发展的基础,推动着人类社会的发展。(2)人工智能的发展,促进了智能家居的发展,说明物质生产促进新的生产方式和社会交往方式的产生,推动着社会的进步。

2.(1)生产力决定生产关系,生产关系对生产力具有反作用。数字经济的发展促进新电商兴起,促进生产、流通和消费,促进了电商行业的发展。(2)经济基础决定上层建筑,上层建筑对经济基础具有反作用。作为上层建筑的电商行业法律法规进行必要的修订和完善,能更好地适应电商行业的发展变化,从而促进经济社会发展。

3.(1)生产关系对生产力具有反作用。当生产关系适合生产力发展要求时,就会推动生产力的发展;反之,就会阻碍甚至破坏生产力的发展。只有不断改变不适应生产力发展的生产关系,才能促进生产力的发展。(2)上层建筑对经济基础具有反作用。当上层建筑为适合生产力发展要求的经济基础服务时,就成为推动社会发展的进步力量。只有不断改变不适应生产力发展的上层建筑,才能促进生产力的发展。

第11课 社会历史的主体

生活感悟

(1)人民群众是社会物质财富的创造者。人民群众作为物质生产的承担者,创造了人们吃、穿、住、用、行所必需的生活资料。人民群众在生产实践中不断改进和发展生产工具与生产技术,促进了生产力的发展和社会的全面进步。(2)人民群众是社会精神财富的创造者。人民群众通过物质生产实践,为创造精神财富提供了必要的物质条件和设施。人民群众的生产生活实践是一切精神财富、精神产品的源泉,离开了人民群众的生产生活,任何思想研究、科学探索、艺术创作就都成了无源之水、无本之木。(3)人民群众是社会变革的决定力量。人民群众在任何时期都是社会变革的主力军。生产关系的变革、社会制度的更替,最终都取决于生产力的发展,但不会随着生产力的发展而自发地实现和完成,必须借助人民群众的力量。

习题演练

一、填空题

1.社会历史发展

2.劳动;建设;爱国;祖国统一

3.物质;精神;决定

4.探索;领导;示范

5.时代要求

6.社会发展客观规律

7.心中最高;最广大人民

8.生命线;根本工作

9.幸福;复兴

10.时代责任;同呼吸、共命运;服务人民

二、选择题

1.D【解析】根据所学知识可知,人民群众是指一切对社会历史发展起推动作用的人。故D项正确,ABC项错误。

2.B【解析】根据所学知识可知,人民群众是社会历史的主体体现在:人民群众是社会物质财富的创造者;人民群众是社会精神财富的创造者;人民群众是社会变革的决定力量。故B项正确,ACD项错误。

3.A【解析】根据所学知识可知,中国共产党人始终坚持党的群众路线,真正把以人民为中

心落到实处。一切为了群众,一切依靠群众,从群众中来,到群众中去,这是党的群众路线。故A项正确,BCD项错误。

4.A【解析】根据所学知识可知,中国共产党的根本宗旨是全心全意为人民服务。故A项正确,BCD项错误。

5.B【解析】根据所学知识可知,人民群众是社会历史的创造者,A项错误。人民群众创造历史的活动受历史条件的制约,说明人民群众不能随心所欲地创造历史,B项正确。人民群众是社会变革的决定力量,C项错误。材料未体现人民群众是社会历史发展的决定力量,D项不符合题意。

6.C【解析】根据材料可知,材料中的要求是围绕民生问题,解决人民群众的困难,这样做的依据是人民群众是社会历史的主体,是历史的创造者。故C项正确,ABD项错误。

7.A【解析】根据材料可知,“一带一路”是立足于人类前途命运及中国和世界发展大势建立的平台,该倡议自提出以来,硕果累累,这表明社会存在决定社会意识,社会意识具有相对独立性。故A项正确,BCD项错误。

8.C【解析】根据材料可知,“到项目建设一线、乡村振兴一线、服务群众一线、化解矛盾一线,问计于民、问需于民,倾听群众呼声、反映群众愿望、关心群众疾苦,聚焦群众急难愁盼问题,积极化解信访积案,在一线为民服务中不断提高工作本领,密切党群干群关系”,这是因为群众是我们力量的源泉,群众路线和群众观点是我们的传家宝。故C项正确,ABD项错误。

9.C【解析】根据材料可知,其反映了人民群众是社会历史的创造者,群众路线是党的生命线和根本工作路线,②④说法正确。故C项正确,ABD项错误。

10.C【解析】根据材料可知,习近平总书记强调主题教育要实实在在办好惠民利民实事是基于党的根基在人民、血脉在人民。故C项正确,ABD项错误。

11.A【解析】根据材料可知,为积极回应群众期待,适应汽车产业发展,交通安全和大气污染防控形势,公安部、国家市场监督管理总局等四部门发布深化车检改革新措施,推出了一系列便民利民措施,这体现了经济基础决定上层建筑,经济基础的变化迟早会引起上层建筑的变化。故A项正确,BCD项错误。

12.A【解析】根据材料可知,宣传党的路线、方针、政策下基层,调查研究下基层,信访接待下基层,现场办公下基层,说明社会生活在本质上是实践的,生动诠释了党的群众观点与群众工作的有机统一,①②说法符合题意。故A项正确,BCD项错误。

13.D【解析】根据材料可知,开幕式演员中没有明星“大腕”,但是他们的表演却获得全网观众的盛赞,充分说明了群众是我们力量的源泉,我们要坚持群众观点和群众路线。故D项正确,ABC项错误。

14.B【解析】根据材料可知,城市是人民的城市,人民城市为人民,这说明要坚持以人民为中心,贯彻群众观点和群众路线,①说法符合题意。要以高瞻远瞩的科学思维“绣花”,铺展城市发展美好蓝图,这说明社会意识有相对独立性,可以预见社会发展方向,对社会存在起促进作用,③说法符合题意。故B项正确,ACD项错误。

15.C【解析】根据材料可知,习近平总书记在参观辽沈战役纪念馆时所感慨的“辽沈战役的胜利是东北人民全力支援拼出来的”,说明人民群众是社会变革的决定力量,是社会历史的创造者。故C项正确,ABD项错误。

16.B【解析】根据材料可知,“时代是出卷人,我们是答卷人,人民是阅卷人”,这启示我们要自觉站在最广大人民的立场上。故B项正确,ACD项错误。

17.ABCD【解析】根据所学知识可知,人民群众是指一切对社会历史发展起推动作用的人。在不同历史时期,人民群众有着不同的内涵。人民群众是社会物质财富的创造者。人民群众是社会精神财富的创造者。人民群众是社会变革的决定力量。人民群众在任何时期都是社会变革的主力军。生产关系的变革、社会制度的更替,最终都取决于生产力的发展,但不会随着生产力的发展而自发地实现和完成,必须借助人民群众的力量。故ABCD项均正确。

18.ABC【解析】根据所学知识可知,杰出人物在历史发展中具有发起和探索作用。他们能够较早地认识和把握历史发展的趋势,集中反映人民群众的意愿,并根据这种趋势和意愿自觉提出推动历史前进的任务。杰出人物在历史发展中具有组织和领导作用。他们以卓越的见解和才能宣传鼓动、教育引导广大群众,领导群众去实现一定的历史任务。杰出人物在历史发展中具有表率和示范作用。他们具有特殊的人格魅力,在历史的前进运动中往往身先士卒、率先垂范。故ABC项正确,D项错误。

19.ABCD【解析】根据所学知识可知,坚持以人民为中心的发展思想,中国共产党人始终坚持党的群众路线,真正把以人民为中心落到实处。人民是历史的创造者,一切为了群众,一切依靠群众,从群众中来,到群众中去,这是党的群众路线。群众路线是党的生命线和根本工作路线。人民是决定党和国家前途命运的根本力量,密切联系群众是党的优良传统。发展的根本目的是增进民生福祉,中国共产党始终依靠人民群众的力量,集中人民群众的智慧,获得了人民群众的衷心拥护和支持。为中国人民谋幸福,为中华民族谋复兴,是中国共产党人的初心和使命。故ABCD项均正确。

20.ABCD【解析】根据所学知识可知,新时代青年要担当时代责任。中华民族正处于历史发展的最好时期,我们既面临着难得的建功立业的人生际遇,也承担着实现中华民族伟大复兴的时代使命。青年一代有理想、有本领、有担当,国家就有前途,民族就有希望。广大青年要肩负历史使命,坚定前进信心,立大志、明大德、成大才、担大任,努力成为堪当民族复兴重任的时代新人。故ABCD项均正确。

三、判断题

1.×【解析】根据所学知识可知,人民群众是指一切对社会历史发展起推动作用的人。在不同历史时期,人民群众有着不同的内涵。

2.√【解析】根据所学知识可知,人民群众的生产生活实践是一切精神财富、精神产品的源泉,离开了人民群众的生产生活,任何思想研究、科学探索、艺术创作就都成了无源之水、无本之木。

3.×【解析】根据所学知识可知,人民群众是社会物质财富的创造者,人民群众是社会精神财富的创造者。

4.√【解析】根据所学知识可知,一切为了群众,一切依靠群众,从群众中来,到群众中去,这是党的群众路线。群众路线是党的生命线和根本工作路线。密切联系群众是党的优良传统,是其永葆青春活力和战斗力的传家宝。

5.√【解析】根据所学知识可知,人民群众是社会变革的决定力量。人民群众在任何时期都是社会变革的主力军。

6.×【解析】根据所学知识可知,不管历史人物在历史上发挥了多大的作用,都受到社会发展客观规律的制约,不能决定和改变历史发展的总进程和总方向。

7.×【解析】根据所学知识可知,不管历史人物在历史上发挥了多大的作用,都受到社会发展客观规律的制约,不能决定和改变历史发展的总进程和总方向。

8.√【解析】根据所学知识可知,中国共产党始终代表最广大人民的根本利益,与人民休戚与共、生死相依。

四、简答题

1.人民群众是历史的创造者主要表现在三个方面:(1)人民群众是社会物质财富的创造者。人民群众作为物质生产的承担者,创造了人们吃、穿、住、用、行所必需的生活资料。他们的生产活动是社会存在和发展的基础。(2)人民群众是社会精神财富的创造者。人民群众的生活和实践是一切精神财富、精神产品的源泉。人民群众通过物质生产实践,为创造精神财富提供了必要的物质条件和设施。人民群众还直接参与创造了精神财富。(3)人民群众是社会变革的决定力量。人民群众在任何时期都是社会变革的主力军。生产关系的变革、社会制度的更替,最终都取决于生产力的发展,但不会随着生产力的发展而自发地实现和完成,必须借助人民群众的力量。人民群众通过推动生产力的发展而不断创造和改变社会关系,从而不断推动社会历史的进步和发展。

2.(1)群众路线是中国共产党的根本政治路线和组织路线。中国共产党的性质和宗旨决定了党必须把为人民服务作为自己的根本宗旨,必须密切联系群众,依靠群众,全心全意为人民服务。(2)群众路线是中国共产党领导中国革命、建设和改革的重要保证。中国共产党在领导中国革命、建设和改革的过程中,始终坚持群众路线,充分发挥人民群众的主体作用,依靠人民群众的力量,取得了一个又一个的胜利。(3)群众路线是中国共产党永葆先进性和纯洁性的重要法宝。中国共产党只有始终坚持群众路线,密切联系群众,倾听群众呼声,反映群众意愿,集中群众智慧,才能始终保持党的先进性和纯洁性,不断提高党的领导水平和执政水平。

3.(1)坚持人民主体地位。尊重人民首创精神,充分调动人民群众的积极性、主动性、创造性,充分发挥人民群众在推动发展中的主体作用。(2)坚持以人民为中心的发展思想,就是要把实现好、维护好、发展好最广大人民的根本利益作为发展的出发点和落脚点,不断满足人民群众对美好生活的向往。(3)坚持在发展中保障和改善民生。要多谋民生之利、多解民生之忧,在发展中补齐民生短板、促进社会公平正义,在幼有所育、学有所教、劳有所得、病有所医、老有所养、住有所居、弱有所扶上不断取得新进展,深入开展脱贫攻坚,保证全体人民在共建共享发展中有更多获得感,不断促进人的全面发展、全体人民共同富裕。(4)坚持党的群众路线。要坚持从群众中来、到群众中去,深入基层、深入群众、深入实际,了解群众所思、所想、所盼,不断增强同人民群众的感情,提高做好群众工作的本领。

五、材料分析题

1.(1)人民群众是社会历史的主体,是历史的创造者。(2)文艺创作要立足于中国特色社会主义伟大实践,坚持人民群众的主体地位,着眼于人民群众的文化需求,以人民喜闻乐见的艺术形式,赞颂中国人民的奋斗历程和中华民族复兴的伟大成就,讲述"最中国"的故事。

2.(1)人民群众是社会历史的主体,是历史的创造者。雷锋精神的实质是全心全意为人民服务,为了人民的事业无私奉献,学习雷锋永不过时。(2)中职学生要学习雷锋,服务人民,奉献祖国,要担当时代责任,肩负历史使命;要牢固树立为人民服务的崇高理想,增强对人民的深厚感情,与人民同呼吸、共命运;要自觉投身服务人民的伟大实践,同人民群众一起拼搏。

3.(1)人民群众是社会历史的主体,是历史的创造者,必须坚持一切为了人民,一切依靠人民。(2)绿化祖国要坚持以人民为中心的发展思想,既要着力美化环境,让人民群众舒适地生活,增强人民群众的幸福感和获得感,又要发挥人民群众的主人翁精神,广泛开展国土绿化行动,人人出力,让祖国大地不断绿起来、美起来。

第12课　实现人生价值

生活感悟

(1)人生价值包括人生的自我价值和社会价值两个方面:自我价值是个体的活动对自己的生存和发展所具有的价值,主要表现为对自身物质和精神的满足程度;社会价值是个体的活动对社会、他人所具有的价值,主要表现为个人对社会的责任和贡献。(2)如何实现人生价值:①尽职尽责,兢兢业业。把个人的崇高理想与自己的实际岗位工作相结合,树立奋斗目标,把岗位工作当成自己的事业,踏踏实实做好每一项工作,认真把握每一天,为自己赢得更大的发展机会。②热爱工作,热爱劳动。树立正确的劳动观,崇尚劳动、热爱劳动、辛勤劳动、诚实劳动,实现从量变到质变的发展,在平凡的岗位上作出不平凡的业绩。

习题演练

一、填空题

1.总的看法;根本观点

2.人生目的;人生态度;人生价值;价值观

3.核心地位;主导作用

4.民主;文明;自由;平等;敬业;友善

5.国家;社会;公民

6.中国精神

7.自我价值;社会价值

8.必要条件;社会价值;根本;基础

9.贡献

10.享用者;获取;积极性;创造性

11.真诚奉献;尽心尽力服务

12.本职岗位;诚实劳动;劳动奉献

二、选择题

1.D【解析】根据材料可知,社会主义核心价值观与中华优秀传统文化和人类文明优秀成果相承接,与中国特色社会主义发展要求相契合,其凝结着全体人民共同的价值追求,是当代中国精神的集中体现。故 D 项正确,ABC 项错误。

2.A【解析】根据所学知识可知,没有社会价值,人的自我价值就无法存在。评价人生价值主要看个人对社会所作的贡献。故 A 项正确,BCD 项错误。

3.C【解析】根据材料可知,是为人民群众谋幸福的价值追求激励着革命先辈们前仆后继、百折不挠,说明价值观能够影响一个人的理想、信念、生活目标。故 C 项正确,ABD 项错误。

4.B【解析】根据材料可知,核心价值观承载着一个民族、一个国家的精神追求,体现着一个社会评判是非曲直的标准,是一个民族赖以维系的精神纽带,是一个国家共同的思想道德基础,是最持久、最深层的精神力量,①③说法正确。故 B 项正确,ACD 项错误。

5.A【解析】根据材料可知,社会主义核心价值观对公民个人层面的要求是"爱国、敬业、诚信、友善"。"干一行,爱一行,专一行"表达了敬业的品质。故 A 项正确,BCD 项错误。

6.D【解析】根据材料可知,青少年是祖国的未来,民族的希望。青少年阶段是人生的"拔节孕穗期",要努力践行社会主义核心价值观,扣好人生第一粒扣子,因为价值观教育是青少年健康成长的必修课,正确价值观是青少年走好人生路的重要向导,③④说法正确。故 D 项正确,ABC 项错误。

7.C【解析】根据材料可知,价值观承载着一个国家和民族的精神追求,对英雄烈士加强立法保护对于促进社会尊崇英烈、扬善抑恶、弘扬社会主义核心价值观意义重大,可以为弘扬和践行社会主义核心价值观提供法律支撑。故 C 项正确,ABD 项错误。

8.D【解析】根据材料可知,在"烈士纪念日"向人民英雄敬献花篮仪式意在践行爱国的社会主义核心价值观,从英雄人物和时代楷模的身上感受道德风范,营造崇尚英雄的社会氛围,③说法正确。"烈士纪念日"向人民英雄敬献花篮仪式在北京天安门广场隆重举行。该仪式意在引导人们树立正确历史观,增强民族认同和国家认同,④说法正确。故 D 项正确,ABC 项错误。

9.C【解析】根据材料可知,陆鸿幼年残疾,成年后他摆过修车摊、开过网店,办过影楼,还成立了残疾人扶贫创业基地,帮助了更多的残疾人,这说明人只有在劳动中才能创造和实现自己的价值。故 C 项正确,ABD 项错误。

10.B【解析】根据材料可知,新体制雷达的研发成功,扩大了我国海域可监控可预警范围,为我国海域监控提供了完备的认识工具,促进了认识的发展。故B项正确,ACD项错误。

11.D【解析】根据材料可知,“边境多缉一克毒,内地少受十分害”,为了这个承诺,无数缉毒民警风餐露宿、隐姓埋名、卧底擒凶,冒着枪林弹雨与毒贩殊死搏杀,这体现了劳动者是创造历史的社会主体和真正英雄,③说法正确。战斗在第一线的缉毒警察,用其伟大平凡的一生告诉我们什么叫作人民公仆的“最美警察”,这体现了个人的社会价值与自我价值是高度统一的,④说法正确。故D项正确,ABC项错误。

12.B【解析】根据材料可知,一些年轻人认为,农村也可以大有作为,然后选择走进农村干事创业,体现了价值观的导向作用,故B项正确,ACD项错误。

13.B【解析】根据材料可知,朱佳云总能设身处地,用一个个微小的行动为残疾居民“拼凑”出温暖的“地图”,带领他们“找到出路”,说明只有在奉献社会中才能实现人的自我价值。故B项正确,ACD项错误。

14.C【解析】根据材料可知,事物发展的前途是光明的,任何事物都要经历肯定、否定再到否定之否定的辩证发展过程。只要持续在创新投入上做加法、在耗能上做减法,必会让创新的“种子”更好生根发芽、开花结果。因此提升国家创新指数,我们要坚持辩证否定观,在投入上和耗能上加大创新力度。故C项正确,ABD项错误。

15.C【解析】根据材料可知,日本官员表示,核污染废水可以饮用,没有危害;但有关专家指出,日本这是在向全人类转嫁核污染风险,侵害各国人民的生存权,说明价值观不同,人们对事物的评价就不同,②说法符合题意。随着日本第二轮排海行动的启动,日本一意孤行、坚持长期向海洋排放危险物质的意图已昭然若揭,说明联系是客观的,要从事物固有的联系中把握事物,④说法符合题意。故C项正确,ABD项错误。

16.D【解析】根据材料可知,习近平总书记强调要求开展党史教育以更好服务社会发展,体现了上层建筑对经济基础具有反作用,③说法正确。全党同志要做到学史明理、学史增信、学史崇德、学史力行,学党史、悟思想、办实事、开新局,以昂扬姿态奋力开启全面建设社会主义现代化国家新征程,体现了正确的价值观可以指导实践、推动工作,④说法正确。故D项正确,ABC项错误。

17.AB【解析】根据所学知识可知,人生价值包括两个方面:一是个人对社会的责任和贡献,这是人生价值的主要方面;二是社会对个人的尊重和满足。AB项正确。人生价值是人的生活实践对于社会和个人所具有的作用和意义,而不仅是个人的自我价值实现或个人的物质财富积累,CD项不符合题意。

18.ABC【解析】根据所学知识可知,劳动是创造价值的源泉,是推动人类社会进步的根本力量。衡量人生价值的标准,最重要的就是看一个人是否用自己的劳动和聪明才智为国家和社会真诚奉献,为人民群众尽心尽力服务。任何人只要在自己的岗位上尽职尽责,兢兢业业,就应该对他的人生价值给予积极肯定的评价。ABC项正确。实现人生价值需要发挥主观能动性,而不是坐等良好的机遇和条件。D项错误。

19.AB【解析】根据材料可知,价值观是人生的向导。价值观是人们对于事物价值的总的看法和根本观点。人生观是人们关于人生目的、人生态度、人生价值等问题的根本观点。人生观的核心问题是价值观问题，价值观影响一个人的理想、信念、生活目标，影响人们对人生目的、人生意义、人生道路等问题的思考和选择。故 AB 项正确，CD 项错误。

20.ABC【解析】根据材料可知，屠呦呦攻坚克难，面对失败不退缩，最终研制出了青蒿素，挽救了数百万疟疾患者的性命，说明人是价值的创造者，也是价值的享用者，人要在实践中施展才能，创造价值。人生价值包括人生的自我价值和社会价值，人生价值是在个人与社会的统一中实现的。ABC 项均正确。价值观影响一个人的理想、信念。D 项错误。

三、判断题

1.×【解析】根据所学知识可知，价值观是人们对于事物价值的总的看法和根本观点。价值观是人生的向导。

2.×【解析】根据所学知识可知，评价人生价值主要看个体对社会所作的贡献。

3.√【解析】根据所学知识可知，价值观影响一个人的理想、信念、生活目标，影响人们对人生目的、人生意义、人生道路等问题的思考和选择。

4.√【解析】根据所学知识可知，核心价值观承载着一个民族、一个国家的精神追求，体现着一个社会评判是非曲直的标准，是一个民族赖以维系的精神纽带，是一个国家共同的思想道德基础，是最持久、最深层的精神力量。

5.×【解析】根据所学知识可知，人生价值包括人生的自我价值和社会价值两个方面。

6.×【解析】根据所学知识可知，社会价值是人的根本价值，是自我价值实现的基础。

7.√【解析】根据所学知识可知，评价人生价值主要看个体对社会所作的贡献。

8.√【解析】根据所学知识可知，人是价值的创造者，也是价值的享用者。人的价值是奉献与获取的统一，奉献推动了社会发展。

四、简答题

1.人生价值是人的生活实践对于社会和个人所具有的作用和意义。人生价值包括两个方面：一是个人对社会的责任和贡献，这是人生价值的主要方面；二是社会对个人的尊重和满足。

2.社会主义核心价值观的基本内容是“富强、民主、文明、和谐，自由、平等、公正、法治，爱国、敬业、诚信、友善”。

3.(1)在积极奉献中实现人生价值。人是价值的创造者，也是价值的享用者。人的价值是奉献与获取的统一。奉献推动了社会发展，为个人的正当获取打下基础；正当的获取又会激发起个人的积极性和创造性，为社会作出更大的贡献。(2)立足本职岗位实现人生价值。每个人的职业不同、能力大小不同，对社会贡献的绝对量也不同，不能简单地认为能力大的人就实现了人生价值，能力小的人就没有实现人生价值。任何人只要在自己的岗位上尽职尽责，兢兢业业，就应该对他的人生价值给予积极肯定的评价。(3)以诚实劳动实现人生价值。劳动是创造价值的源泉，是推动人类社会进步的根本力量。劳动最光荣、劳动最崇高、劳动最伟大、劳动最美丽。我们要树立正确的劳动观，崇尚劳动、热爱劳动、辛勤劳动、诚实劳动，立足岗位，在劳动奉献中实现人生价值。

五、材料分析题

1.(1)价值观是人生的向导,正确的价值观对人生发展起正确导向作用。“功成不必在我”是一种正确的价值观,对人们认识世界和改造世界具有重要导向作用。它要求我们在干事创业过程中为实现中国梦贡献力量。(2)“功成必定有我”强调的是一种责任和担当,在奉献中实现人生价值,这符合社会主义核心价值观的要求。

2.(1)要勤学,下得苦功夫,求得真学问。(2)要修德,加强道德修养,注重道德实践。(3)要明辨,善于明辨是非,善于决断选择。(4)要笃实,扎扎实实干事,踏踏实实做人。

3.(1)小王积极参与社会实践,不仅有助于社会的发展,还有助于小王更好地了解社会,应该鼓励。(2)个人与社会是统一的。人生价值是自我价值和社会价值的统一,评价人生价值主要看个体对社会所作的贡献。志愿服务是为社会作贡献的重要方式。只有自觉承担社会责任,才能在参与社会的过程中得到历练,促进自我成长,实现人生价值。